Das große XENOS LEXIKON DER TIERE

NATUR, KULTUR UND MYTHOLOGIE

Das große XENOS LEXIKON DER TIERE

NATUR, KULTUR UND MYTHOLOGIE

von

Fran Pickering

XENOS

Für den Dichter, der mir
die Musik der Menschen und
den Gesang der Sterne zeigte,
weil er die Tiere liebte.

ISBN 3-8212-2145-3
Verantwortlich für die deutsche Ausgabe:
XENOS Verlagsgesellschaft mbH,
Am Hehsel 40, 22339 Hamburg
Übersetzung aus dem Englischen:
Wiebke Krabbe, Damlos
Lektorat: Ute Dissmann, Hamburg
Satz: KCS GmbH, Buchholz/Hamburg
Einband-Typo: Traute Frost, Hamburg

First Published in Great Britain in 1999 as
The Element Illustrated Encyclopedia of Animals in Nature, Myth and Spirit
by ELEMENT CHILDREN'S BOOKS LIMITED;
Shaftesbury, Dorset, SP7 8BP
Printed in Singapore

Inhalt

LUFT

WASSER

MYTHOLOGIE

Einleitung

Obwohl wir schon so lange auf der Erde leben, beginnen wir gerade erst, die Tiere zu verstehen, mit denen wir sie teilen. Wir entdecken, dass die Tiere – genau wie wir Menschen – lernen können und Gefühle haben. Seit jeher fühlen sich die Menschen den Tieren eng verbunden.

Die Tiere geben uns Menschen sehr viel: Wir essen ihr Fleisch und ihre Eier, wir trinken ihre Milch, wir verarbeiten ihr Fell, ihre Wolle und ihre Haut zu Kleidung. Seit Jahrhunderten ziehen Tiere unsere Wagen, tragen unsere Lasten. Manche sterben in Forschungslabors, andere sind für uns Menschen liebe Freunde und treue Gefährten.

Unsere Sagen und Legenden sind voll von Tieren. Vielleicht erkannten die Menschen zu der Zeit, als diese Geschichten entstanden, dass die Tiere viel mehr spüren und verstehen, als wir denken.

Ich glaube, dass alle Lebewesen eine Seele haben – und dass es ein Bindeglied zwischen all den verschiedenen Arten gibt: die Liebe. Liebe ist eine Energie wie der elektrische Strom. Mithilfe dieser Energie kann man das Leben und auch sein eigenes Verhalten auf ganz neue Weise sehen lernen. Wissenschaftler, die wilde Tiere in der freien Natur erforscht haben, stellten fest, dass sie mit freundlichem, liebevollem Verhalten den Tieren besonders nahe kommen konnten.

Dieses Buch zeigt die ganze Vielfalt der Tierwelt auf unserer Erde – in der Natur, in den Sagen und Legenden und auch in unserem Glauben.

„Das Ansinnen, unser Land zu kaufen, werden wir bedenken, und wenn wir uns entschließen anzunehmen, so nur unter einer Bedingung. Der weiße Mann muss die Tiere des Landes behandeln wie seine Brüder. Ich bin ein Wilder und verstehe es nicht anders. Ich habe tausend verendende Büffel gesehen, vom weißen Mann zurückgelassen – erschossen aus einem vorüberfahrenden Zug. Ich bin ein Wilder und kann nicht verstehen, wie das qualmende Eisenpferd wichtiger sein soll als der Büffel, den wir nur töten, um am Leben zu bleiben. Was ist der Mensch ohne die Tiere? Wären alle Tiere fort, so stürbe der Mensch an großer Einsamkeit des Geistes. Was immer den Tieren geschieht – geschieht bald auch den Menschen. Alle Geschöpfe sind miteinander verbunden."

Häuptling Seattle

Dies ist ein Auszug aus einer Rede, die der Häuptling im Jahre 1855 vor der Versammlung der Stämme und dem Präsidenten der Vereinigten Staaten hielt, als dieser den Ureinwohnern ihr Land wegzunehmen drohte.

Fran Pickering

Über dieses Buch

Hier erfährst du, wie dieses Buch aufgebaut ist. Die Enzyklopädie besteht aus vier Teilen – Erde, Luft, Wasser und Mythologie. In den ersten drei Abschnitten wirst du viele lebende Tiere näher kennen lernen, von Schlangen und Elefanten bis zu Walen und Adlern. Der vierte Teil beschäftigt sich mit den Tieren der Fantasiewelt, der Sagen und Legenden.

Zwischen den einzelnen Teilen findest du spezielle Themenseiten, auf denen du weitere wissenswerte Dinge über die Tiere der Natur und der Fantasie erfährst. Zuerst solltest du aber die beiden Einführungsseiten ganz vorn im Buch lesen und dort die Erde, auf der Menschen und Tiere miteinander leben, einmal genauer betrachten.

Themenseite

Auf manchen der Themenseiten wirst du zum Nachdenken angeregt. Finde heraus, welches Tier dir Kraft gibt, was Tiere in deinen Träumen bedeuten und welches Tier für dich das beste Haustier wäre.

In den Tierporträts erfährst du viel über das Leben der Tiere und ihre Bedeutung für uns Menschen. Hier kannst du auch interessante kleine Geschichten lesen.

Tierporträts

Aus Mythen und Legenden erfahren wir vieles darüber, wie wir Menschen das Wesen der Tiere verstehen und einschätzen.

Farbige Zeichnungen und Fotos zeigen dir genau, wie die verschiedenen Tiere aussehen.

Tiere – einmal anders gesehen

In diesem Buch geht es nicht nur um Tiere allein. Du lernst die Tiere selbst kennen, erfährst etwas über ihre Besonderheiten und ihre Überlebenstechniken.
Aber es geht auch darum, wie Menschen und Tiere zusammenleben und wie wir Menschen die Tiere behandeln. Neue Ergebnisse und Vermutungen der Wissenschaft werden vorgestellt. Vor allem aber wirst du feststellen, dass Menschen und Tiere eine gemeinsame Sprache sprechen – die Sprache der Seele.

Leben auf der Erde

Das ist die Erde. In unserem Sonnensystem ist die Erde der einzige Planet, von dem wir sicher wissen, dass es darauf Lebewesen gibt. Jeden Tag lernen wir mehr darüber, wie eng unser Leben mit den anderen Wesen auf der Erde verbunden ist. Wir alle sind nur kleine Teile in einem großen Ganzen, das wir nicht beherrschen können. Alle Lebewesen haben den gleichen Ursprung, und alle sind von einander abhängig.

Ein Lebensraum

Ein Lebensraum ist die natürliche Heimat einer Gemeinschaft von Pflanzen und Tieren. Jeder Lebensraum hat seine ganz eigenen Merkmale, etwa das Klima oder die Art des Bodens. Wird ein Teil des Lebensraumes zerstört, gerät er aus dem Gleichgewicht, und alle anderen Teile leiden darunter.

Ein Ökosystem

Ein Ökosystem ist ein bestimmter Teil der Erde mit all seinen lebenden Elementen. Auch die Steine, der Boden, die Oberflächengestalt und die Luft gehören dazu. Ein Ökosystem arbeitet mit Sonnenenergie, und es verwertet alle seine Abfallstoffe selbst. Ein großer tropischer Regenwald ist ebenso ein Ökosystem wie ein winziger Tropfen Regenwasser.

Frösche

Die meisten Frösche fressen kleine Insekten, einige ernähren sich aber auch von Schnecken und Nagetieren. Gärtner haben Frösche gern, weil sie Pflanzenschädlinge fressen. Ihrerseits wiederum dienen die Frösche Störchen, Reihern und anderen Stelzvögeln als Nahrung.

Fische

Manche Fische ernähren sich von Pflanzen, andere dagegen fressen kleine Tiere, wie Insektenlarven oder Kaulquappen.

Das Netzwerk des Lebens

Wenn du das Internet benutzt, weißt du sicherlich, dass es ein Verbund von Computern überall auf der Welt ist. Durch diese Vernetzung entstehen sozusagen elektronische Gemeinschaften. Ganz ähnlich sind auch die vielen verschiedenen Lebewesen auf der Erde verbunden. Sie bilden jedoch keine elektronischen, sondern ökologische Gemeinschaften.

Reiher

Der Reiher frisst hauptsächlich Fische und kleine Amphibien. Er steht am oberen Ende des ökologischen Netzwerkes an einem Teich oder Flusslauf, denn er frisst die Frösche, die sich wiederum von den Insekten im und am Wasser ernähren.

Libelle

Libellen gehören zu den ältesten Lebewesen der Erde, es gab sie schon vor mehr als 300 Millionen Jahren. Sie sind die Tiger unter den Insekten, denn sie verbringen den Tag damit, nach anderen Insekten zu jagen und sie zu fressen.

Alle Tiere an diesem Teich brauchen Pflanzen und andere Tiere, damit sie überleben können.

Tiere am oberen Ende der Nahrungskette haben kaum natürliche Feinde – außer manchmal den Menschen.

Wasserschnecken

Wasserschnecken sind Aasfresser. Sie ernähren sich von pflanzlichen und tierischen Resten, die auf dem Grund verrotten. Sie verbrauchen also Abfälle als Nahrung und halten so das Wasser auf der Erde sauber.

Erdbewohner

Auf der Erde gibt es zahllose ganz unterschiedliche Lebewesen. Einige leben in der Luft oder in den Tiefen des Meeres, wo wir Menschen nicht überleben könnten. Manche sind so klein, dass man sie nur mit einem starken Mikroskop sehen kann. Andere dagegen sind riesig. Würdest du eins von ihnen mit geschlossenen Augen abtasten, du könntest dir seine Gestalt nicht vorstellen.

Reptilien

Reptilien sind Wirbeltiere (Tiere mit einer Wirbelsäule). Sie brauchen eine äußere Wärmequelle wie Sonnenschein, erwärmte Erde oder Steine, um ihre Körpertemperatur zu halten. Die meisten Reptilien legen Eier.

Wirbellose

Wirbellose sind Tiere ohne Wirbelsäule. Etwa 97 Prozent aller Tierarten auf der Erde gehören zu dieser Gruppe. Sie kommen in ganz verschiedenen Formen vor, z.B. als Schwämme, Muscheln, Schnecken oder Insekten.

Fische

Fische sind Wirbeltiere, die im Wasser leben und durch Kiemen atmen. Die meisten haben Gliedmaßen in Form von Flossen. Sie bewegen sich vorwärts, indem sie ihren Körper seitwärts hin und her bewegen.

Vögel

Vögel sind Wirbeltiere, die meisten von ihnen können fliegen. Die Kieferknochen sind zu einem spitzen, zahnlosen Schnabel umgebildet. Vögel können nicht schwitzen. Zum Abkühlen atmen sie ganz schnell, suchen den Schatten oder fliegen in kühlere Gegenden.

Säugetiere

Säugetiere sind Warmblüter. Die meisten haben ein Zwerchfell und einen behaarten Körper. Sie ernähren ihre Jungen mit Milch. Einige Säugetiere haben das am höchsten entwickelte Nervensystem von allen Tieren.

Amphibien

Amphibien sind Wirbeltiere, die im Wasser und an Land leben können. Wie Reptilien sind sie Kaltblüter, ihre Körpertemperatur verändert sich mit der Temperatur der Umgebung. In kalten Gebieten halten Amphibien Winterschlaf. Meist haben sie eine feuchte, glatte Haut.

Erde

Das Element Erde ist Symbol für Wurzeln und Verbundenheit, für Weisheit und Geduld. Jedes Lebewesen, das auf der Erde lebt, hat für ihre Entwicklung eine Bedeutung. Wir alle leben auf der Erde und wir brauchen die Erde, um zu überleben. Je mehr wir über die einzelnen Tierarten wissen, umso mehr werden wir sie schätzen und schützen. Und so verstehen wir auch immer besser, wie eng unser Leben mit dem aller Lebewesen verbunden ist. In diesem Abschnitt lernst du verschiedene Erdbewohner mit all ihren Besonderheiten und Fähigkeiten kennen.

Wissenschaftler meinen, dass die Tiere vor etwa 400 Millionen Jahren aus dem Meer aufs Land kamen.

Heute leben auf der Erde mehr als vier Millionen verschiedene Arten.

Schon vor über 4.000 Jahren hielten die Menschen die gleichen Haustiere, die wir heute noch kennen.

Wappen

Der Löwe ist ein beliebtes Wappentier. Das liegt sicherlich daran, dass der Löwe Sinnbild für königliche Macht, Tapferkeit und Stärke ist. Es gibt fünfzehn verschiedene Haltungen, in denen Löwen auf Wappen und Schilden dargestellt werden. Die bekanntesten sind der aufrecht auf den Hinterbeinen stehende Löwe (oben), der gehende Löwe mit erhobener rechter Pranke, der sitzende und der liegende Löwe.

St. Hieronymus

Im Jahre 382 n. Chr. wurde St. Hieronymus Sekretär des Papstes Damasus. Eines Tages unterrichtete er seine Schüler, als ein Löwe den Raum betrat und die Pranke erhob. Die Schüler liefen erschrocken davon. St. Hieronymus aber sah, dass die Pranke verwundet war und zog einen Dorn heraus. Der Löwe blieb voll Dankbarkeit bei seinem Pfleger. Darum wird St. Hieronymus stets mit einem Löwen abgebildet.

Löwen

Löwen leben in Gruppen von 6 bis 20 Tieren zusammen. Sie sind die geselligsten Tiere aus der Familie der Katzen.

Seit Jahrhunderten ist der Löwe als „König der Tiere“ bekannt. Wahrscheinlich liegt das an seiner Stärke und Autorität, mit der er das ganze Tierreich zu beherrschen scheint. Es gibt kaum ein Tier, das einem Löwen gefährlich werden könnte. Wir Menschen bewundern den Löwen wegen seiner Kraft, seiner Schönheit und seines Mutes.

Heute kennen wir fünf verschiedene Löwenarten. Der Indische Löwe ist nur noch im Gir-Reservat in Nordindien zu finden. Afrikanische Löwen sind größer und schwerer.

Löwen können das Doppelte ihres eigenen Gewichtes tragen.

Ein ausgewachsener afrikanischer Löwe kann bis zu 1,20 m hoch, 3 m lang und etwa 180 kg schwer werden. Das ist dreimal so schwer wie ein Mensch.
Der gedrungenere Indische Löwe hat eine kleinere Mähne und ein dickes Fell mit langen Haaren an den Gelenken. Die Quaste an seinem Schwanz ist länger als bei den afrikanischen Löwenarten.
Löwen können stundenlang ganz allein dasitzen und in die Ferne starren, manchmal dösen sie auch 18–20 Stunden am Tag. Löwen sind die einzigen Mitglieder der großen Katzenfamilie, die in

Löwen schnurren, wenn sie sich wohl fühlen. Ihr Fauchen ist eine ernste Warnung.

Eine Löwenschwangerschaft dauert 3½ Monate. Wenn die Jungen geboren sind, helfen die anderen Löwinnen aus der Gruppe bei ihrer Pflege und Versorgung.

Das Herz eines Löwen schlägt etwa 40 Mal in der Minute.

So haben die meisten Jungen des Rudels ähnliche Erbanlagen, weil schon die Väter verwandt sind. Ein Löwe kann 90 m in vier Sekunden sprinten, und er kann die meisten Beutetiere allein erlegen. Für die Ernährung des Rudels sorgen hauptsächlich die starken Löwenweibchen. Kleine Beutetiere wie etwa ein Warzenschwein jagt eine Löwin allein. Eine größere Beute hingegen, z.B. ein Büffel oder ein Zebra, wird von mehreren Löwinnen umzingelt

Das Gebrüll eines Löwen kann man 8 km weit hören.

und gleichzeitig angegriffen. Löwinnen sind wachsamer und beweglicher als die Männchen. So erfüllen die Löwinnen die wichtigsten Aufgaben im Rudel. Die Männchen bleiben oft nur etwa drei Jahre beim Rudel. Dann kommen jüngere Löwen und machen ihnen ihren Platz streitig. Die Weibchen dagegen bleiben oft lebenslang zusammen.

Rudeln zusammenleben. Männliche Löwen tun sich mit anderen zusammen, um gemeinsam mit mehreren Weibchen Junge aufzuziehen und Beute zu jagen. Oft entstehen solche Partnerschaften zwischen Brüdern oder Cousins, die gemeinsam aufgewachsen sind. Es können vier bis neun verwandte Männchen sein, die den Stamm eines Rudels bilden. Einzelne Löwen, die nicht miteinander verwandt sind, tun sich höchstens zu zweit oder zu dritt zusammen.

Das große Gähnen

Das Gähnen eines träge daliegenden Löwen ist nicht so harmlos, wie es aussieht. Durch das Gähnen fließt das Blut schneller durch den Körper, die Muskeln spannen sich, der Körper bekommt einen Energieschub. Ein Löwe, der ausgiebig gegähnt hat, ist schnell sprungbereit.

Löwentänze

In China begrüßt man das Neue Jahr mit dem Löwentanz, der Glück bringen soll. Fünf oder mehr Tänzer bilden eine farbenprächtige Prozession. Einer trägt den Kopf, der zweite den Körper des Löwenkostüms. Die übrigen begleiten den Tanz mit Trommel, Gong und Becken. Die Farben des Löwen haben eine besondere Bedeutung. Schwarz steht für den Kampf, Rot für Glück und Reichtum. Ein ganz bunter Löwe ist besonders alt und weise.

Tigersprache

Ein Tiger faucht, um andere Tiere zu verjagen. Er stöhnt missvergnügt, bellt, um andere Tiger zu rufen, oder zischt, wenn er Insekten wegpustet. Ist er zornig, brüllt er. Man erzählt sogar von einem Tiger, der sich an einen Büffel anschlich und dabei ganz ähnliche Laute wie sein Beutetier machte. Vielleicht wollte er den Büffel damit verwirren oder anlocken.

Der javanische Sarong

Vor vielen, vielen Jahren lebte auf der Insel Java ein Zauberer. Er besaß ein kleines Stück von einem magischen, schwarz und gelb gestreiften Sarong – gerade groß genug, um seinen großen Zeh damit einzuwickeln. Hüllte der Zauberer seinen Zeh in den Stoff, so bedeckte ihn das Muster bald ganz. Dann verwandelte er sich in einen Tiger und zog in die Wälder, um Beute zu jagen.

Tiger

Der Dichter William Blake beschrieb den Tiger einmal als „helles Leuchten im nächtlichen Dunkel des Waldes“. Tiger sind die größten und prächtigsten Raubkatzen. Sie sind elegant, geschmeidig – und sehr gefährlich. Sie sind Meister des leisen Anschleichens und des Angriffs aus dem Hinterhalt. Wenn ein Tiger zwei Jahre alt ist, lebt und jagt er fortan allein.

In seiner natürlichen Umgebung fällt ein Tiger mit seinem gestreiften Fell zwischen den Schatten, die das hohe Gras wirft, kaum auf. So kann er leise und ungesehen durch das Gebüsch anschleichen, bis er nahe genug an seiner Beute ist, um sie anzuspringen. Der Tiger steht am oberen Ende der Nahrungskette: Er frisst fast alle Tiere, aber er wird von niemandem gefressen. Am liebsten jagt er Huftiere, aber er erlegt auch Vögel, Fische, Krokodile und sogar Bären.

Der indische Name des Tigers ist „Shir“.

Tiger greifen ihre Beute meist von hinten oder von der Seite an. Ist er nahe genug, bricht der Tiger aus der Deckung und springt der Beute mit einem Satz auf den Rücken. Er schlingt die Pranken um den Hals des Beutetieres.

Eine Gruppe von Tigern nennt man Streife.

Mit einem einzigen Biss in den Hals tötet der Tiger seine Beute. Der Tiger schleift das getötete Beutetier in ein Versteck. In einer einzigen Mahlzeit kann ein Tiger bis zu 30 kg Fleisch verschlingen. Den Rest versteckt der Tiger unter Blättern und kehrt in der folgenden Nacht zum Fressen zurück.
Tiger lauern oft an Wasserstellen und erlegen andere Tiere, die zum Trinken dorthin kommen. Aber Tiger baden auch sehr gern. Weil sie dabei selbst in Gefahr

Tiger können 20–30 Jahre alt werden.

geraten können, gehen sie immer rückwärts ins Wasser und beobachten die Ufer genau.
Anfang unseres Jahrhunderts gab es noch acht verschiedene Tiger-Rassen, heute sind drei davon ausgestorben. Insgesamt leben kaum mehr als 5.000 Tiger auf unserem Planeten. Der größte ist der sibirische Tiger, der 4 m lang werden kann. Sibirische Tiger wiegen durchschnittlich 230 kg, das größte bekannte Männchen war 384 kg schwer. Diese Art ist mehr als alle anderen vom Aussterben bedroht. Auch der Chinesische Tiger ist fast ausgestorben, nur noch 20–30 Tiere leben in den Reservaten und Zoos der Erde.
Ein eingesperrter Tiger, der seine Kräfte nicht einsetzen kann, ist ein trauriger Anblick. Vielleicht wäre es aber noch trauriger, wenn man diese gewaltigen Tiere überhaupt nicht mehr sehen könnte.

Junge Tiger bleiben bei ihrer Mutter, bis sie zwei Jahre alt sind. Einige bleiben aber auch länger, manchmal bis zu fünf Jahren.

MENSCHENFRESSER

Normalerweise müssen Tiger entsetzlich hungrig sein, um sich in die Nähe von Menschen zu wagen. Einige haben aber auch Geschmack an Menschenfleisch gefunden und sind zu Menschenfressern geworden. Am Anfang unseres Jahrhunderts soll ein Tigerweibchen in Nepal 438 Menschen in acht Jahren gefressen haben. Eine andere Tigerin versetzte die indische Provinz Scindia in Angst, weil sie 127 Menschen tötete. In Berichten aus Indien heißt es, dass in einem Jahr 22.000 Menschen und 80.000 Stück Vieh von Tigern getötet wurden. Wissenschaftler erklären jedoch, dass nur verletzte Tiger oder ausgehungerte Tigerweibchen mit Jungen Menschen angreifen.

Der Bali-Tiger, der Java-Tiger und der Kaspi-Tiger sind heute ausgestorben.

Thailändische Tiger

Eine alte Sage aus Thailand erzählt, dass vor langer Zeit in den Wäldern ein geheimnisvolles Wesen mit dem Körper eines Elefanten und dem Kopf eines Tigers lebte. König Phan schickte drei Krieger aus der Stadt Nakhon Pathom aus, die das Ungeheuer fangen sollten. Sie brachten das Tier zum König, und er züchtete damit eine neue Rasse von Kampfelefanten. Noch heute feiern die Menschen in Thailand einmal im Jahr ein Fest im Andenken an diese Sage und bauen dazu Modelle des tigerköpfigen Elefanten.

Ein Tiger, der durch das hohe Gras schleicht, ist fast unsichtbar.

Himmelsbären

Der Bär hat die Fantasie der Menschen so sehr angeregt, dass sie sogar Sternbilder nach ihm benannt haben – den Großen und den Kleinen Bären. Eine griechische Sage erzählt, dass der Göttervater Zeus sich in die Nymphe Kallisto verliebte. Sie hatten einen Sohn, den sie Arkas nannten. Hera, Zeus' Frau, war so eifersüchtig, dass sie Kallisto in einen Bären verwandelte. Um Kallisto und Arkas vor dem Zorn der Hera zu schützen, setzte Zeus beide als Sternbilder an den Himmel.

Medizinfrau

Eine Legende der amerikanischen Ureinwohner handelt von einer Bären-Medizinfrau. Kurz vor ihrer Geburt erlegte ihr Vater einen Bären. Die Kraft des Bären floss in das ungeborene Kind, und als es aufwuchs, wurde es zur Bären-Medizinfrau. In manchen Gegenden lebt die Bärenzeremonie heute noch. Die Menschen ahmen die Bewegungen von Bären nach und bitten um heilende Kraft.

Bären

In alten Legenden sind Bären den Menschen oft sehr ähnlich. Das liegt wohl daran, dass sie, genau wie wir, auf zwei Beinen stehen und gehen können. Bären haben gewaltige Kräfte. Es gibt kein Tier gleicher Größe, das stärker ist. Trotz ihrer Stärke und Größe sind Bären meist sehr friedlich. Allerdings kann ihre Stimmung schnell umschlagen. Wenn sie sich ärgern, können sie ohne Vorwarnung plötzlich angriffslustig werden.

Es gibt neun verschiedene Bärenarten, die außer Australien, Afrika und der Antarktis alle Teile der Erde bewohnen. In Alaska lebt der größte, der Kodiakbär, der bis zu 3,50 m hoch werden kann. Der kleinste Bär ist der nur 1,20 m große Malaienbär.
Bären ernähren sich von Beeren, Nüssen, Wurzeln, Insekten, Fischen und kleinen Tieren.
Bären sind geschickte Fischer. Sie stellen sich in Stromschnellen und fangen die Fische mit ihren langen, gebogenen Krallen. Auch Honig lieben Bären sehr. Oft plündern sie die Stöcke wilder Bienen, manchmal auch die Bienenkörbe der Menschen. Sie merken sich gut, wo sie einmal Nahrung gefunden haben, und sie wandern bis zu 100 km weit, um an einen Futterplatz zu gelangen. Bärenweibchen sind liebevolle Mütter. Sie behalten ihre Jungen bis zu sieben Jahre lang bei sich und erziehen sie sorgfältig. Die Bärinnen versorgen ihre Jungen mit Fischen, denn junge Bären lernen erst mit zwei Jahren, selbst Fische zu fangen. In den ersten Jahren beobachten sie vom Ufer aus die Mutter beim Fischfang und lernen so, wie es gemacht wird. Bärinnen verteidigen ihre

Wenn Bären angriffslustig sind, trommeln sie auf den Boden und machen bellende Geräusche.

Auf der Liste der bedrohten Tierarten finden sich fünf verschiedene Bärenarten.

Bären essen sehr gern Fisch. Im Sommer fangen sie Lachse, die stromaufwärts schwimmen.

Ein Schwarzbär kann so schnell laufen wie ein Pferd.

Jungen mit aller Kraft, und selbst ausgewachsene Bärenmännchen gehen Bärenmüttern mit Jungen vorsichtshalber aus dem Weg. Bären sind erstaunlich flink. Schwarzbären können über kurze Strecken Geschwindigkeiten von 55–65 km/h erreichen.
Der bekannteste Bär ist sicherlich der Grislibär. Sein Fell kann ganz unterschiedliche Farben haben,

Rettung im Wald

1997 verlief sich in Amerika ein dreijähriges Mädchen im Wald. Nach drei Tagen und zwei Nächten fanden Suchtrupps das Kind: Es schlief friedlich unter einem Baum. Das Mädchen berichtete, dass ihr zwei Bärenjunge begegnet seien, mit denen sie tagsüber gespielt habe. Am Abend habe die Bärenmutter ihre Jungen und das Kind sauber geleckt, dann hätten sich alle vier unter einem Baum zum Schlafen zusammengerollt.

PFIFFIGER BÄR

1993 erhielt ein russischer Fremdenführer den Auftrag, amerikanische Touristen auf die Bärenjagd zu führen. Um den Jagderfolg zu garantieren, kaufte er einen Bären von einem Zirkus und ließ ihn frei. Der Bär, der die Freiheit nicht gewohnt war, spazierte verwirrt durch den Wald, während die Amerikaner sich anpirschten. Ein Briefträger, der mit seinem Fahrrad durch den Wald fuhr, stieß mit dem Bären zusammen. Entsetzt ließ er sein Fahrrad fallen und rannte davon. Der Bär aber erinnerte sich an das, was er im Zirkus gelernt hatte. Er setzte sich auf das Fahrrad und radelte davon, während die Amerikaner stundenlang durch den Wald irrten.

von honiggelb bis schwarzbraun. Die Haarspitzen jedoch sind immer weiß oder silbergrau. Daher hat er seinen Namen.
Die asiatischen und amerikanischen Schwarzbären sparen ihre Kräfte, indem sie Winterschlaf halten. Wenn zu Beginn des Winters die Nahrung knapp wird, suchen sie sich eine Höhle, einen Baum oder einen großen Laubhaufen und fallen bis zum Frühling in einen tiefen Schlaf.

Tanzbären

In manchen Gegenden Asiens und Europas lässt man Bären zum Vergnügen der Menschen auf der Straße tanzen. Die Bären werden als Jungtiere eingefangen, dann müssen sie das „Tanzen" auf heißen Blechen lernen. Erwachsene Tanzbären werden an einer Kette geführt, die an einem Eisenring befestigt ist. Zieht man an der Kette, hat der Bär große Schmerzen.

Wenn ein Bär sich feindselig auf die Hinterbeine stellt, wird er zu einem bedrohlichen Angreifer. Aber Bären sind auch sehr verspielt. Man hat schon Bären beobachtet, die im Winter schneebedeckte Abhänge herunterrutschten.

Weiße Elefanten

In Thailand bestimmt ein Gesetz, dass alle weißen Elefanten dem König gehören. Man erzählt von Königen, die solche weißen Elefanten an Höflinge verschenkten, die sie ruinieren wollten. Ein solcher Elefant verbraucht viel Futter. Weil er aber „königlich“ ist, darf er nicht zur Arbeit eingesetzt werden.

Elefantenfriedhöfe

Elefanten gehen zum Sterben nicht an spezielle Plätze. Aber sie ziehen sich zurück, um *allein* zu sterben. Für die Knochen ihrer toten Verwandten interessieren sie sich sehr. Ein Elefantenjunges fand den Kieferknochen seiner toten Mutter und beschäftigte sich tagelang damit. Manchmal bedecken Elefanten ihre toten Artgenossen mit Blättern und Zweigen.

Elefanten

Obwohl diese sanften Riesen noch immer frei leben, werden sie seit Jahrtausenden von den Menschen als Lastenträger eingesetzt. Geschnitzte, 5.000 Jahre alte Siegel aus dem Industal zeigen Elefanten mit Teppichen auf dem Rücken. Wir wissen auch von dem berühmten Feldherrn Hannibal, der 218 v. Chr. mit 38 Elefanten über die Alpen zog. Noch heute werden Elefanten für Feste geschmückt und als Lasttiere benutzt.

Früher lebten Elefanten in fast allen Teilen der Erde. Als die Menschen das Land kultivierten, verringerte sich der Lebensraum der Elefanten weiter und weiter. Heute finden wir nur noch in Indien und in Afrika Elefanten, und auch diese sind vom Aussterben bedroht. Man jagt sie vor allem wegen ihrer Stoßzähne aus wertvollem Elfenbein.

Elefanten fressen etwa 18–20 Stunden am Tag, dabei verzehren sie bis zu 250 kg Pflanzen. Mit ihrem langen Rüssel trinken sie ungefähr 100 Liter Wasser täglich. Eine Rüsselfüllung sind etwa 4,5 Liter. Menschen, die viel mit Elefanten zu tun haben, berichten, dass die großen Tiere enge Freundschaften pflegen. Sie sind sehr intelligent und gefühlvoll. Der Kontakt mit ihren Familienmitgliedern und anderen Elefanten der Herde ist

Elefanten schlingen oft im Spiel die Rüssel umeinander oder schlagen die Stoßzähne klirrend gegeneinander.

Zu indischen Tempeln gehören oft Elefantenställe. Die Tiere werden zu religiösen Festen geschmückt und geritten.

Manchmal schießen Elefanten Erdklumpen wie Fußbälle durch die Luft.

Wir Menschen denken oft, dass Elefanten weinen können. In Momenten, in denen wir traurig wären, fließt Wasser aus ihren Augen, z.B. wenn sie gefangen, verletzt oder ausgeschimpft werden, wenn sie von ihrer Familie getrennt werden oder wenn ein Verwandter stirbt. Ein berühmtes Foto zeigt einen Zirkuselefanten, dem Tränen über das Gesicht laufen, während Ketten tief in seine Fußgelenke schneiden. Elefanten sind mitfühlend. Sie helfen kranken oder verletzten Tieren, indem sie diese in die Mitte nehmen und seitlich stützen. Dann zieht die

Elefanten trompeten, wenn sie sich in freier Wildbahn aus den Augen verlieren.

ganze Herde langsamer, damit alle Tiere zusammenbleiben. Eine Elefantenkuh im Murchison-Falls-Nationalpark in den USA trug ihr totes Kalb drei Tage lang herum. Dann scharrte sie ein flaches Grab unter einem Baum, begrub das Junge und hielt dort noch einige Tage Wache. Während dieser Zeit fraß die Mutter nicht.

Ganesha

Bei den Hindus gilt Ganesha als Gottheit des Glücks und der Weisheit. Er „räumt die Hindernisse aus dem Weg", deshalb bittet man ihn auch vor einer wichtigen Entscheidung oder einer Reise um Unterstützung. Auf Bildern sieht man die Gottheit mit dem Elefantenkopf oft auf einer Ratte reiten. Manchmal sitzt er auch auf einer Lotusblüte inmitten von Totenschädeln.

Afrikanisch oder Indisch?

Die beiden Elefantenrassen unterscheiden sich vor allem in der Größe. Ein afrikanischer Elefant hat eine Schulterhöhe von etwa 3,40 m. Der indische Elefant erreicht an seiner höchsten Stelle, dem Buckel auf dem Rücken, höchstens 3 m. Außerdem hat der afrikanische Elefant viel größere Ohren.

Elefanten sind die größten an Land lebenden Säugetiere der Erde.

sehr wichtig für sie. Wenn Elefantenjunge trinken, berühren sie dabei gern die Mutter. Ein Elefanten-Waisenkind in einem Naturpark in Kenia wollte nur aus der Flasche trinken, wenn es gleichzeitig seine Rüsselspitze in das Ohr seiner menschlichen Ziehmutter stecken durfte.

ELEFANTENKUNST

Die Elefantenkuh Tildy im Zoo von New York malte eines Tages mit einem Stock Muster in den Sand. Der Wärter gab ihr einige Farbtöpfe und einen langen Pinsel. Es dauerte nicht lange, da hatte Tildy genug Bilder für eine Ausstellung gemalt. 1980 bekam der indische Elefant Siri von seinem Wärter Bleistift und Zeichenblock, und auch er begann zu malen. Der Wärter schickte die Bilder einigen Künstlern zu. Einer von ihnen bezeichnete die Kunstwerke als „leichthändig, entschlossen und originell". Viele Elefanten in Gefangenschaft malen mit Stöcken oder Steinen. Die Elefantenkuh Carol im Zoo von San Diego und Ruby, ein Elefant aus dem Zoo von Phoenix, Arizona, hantieren gern mit Farben.

Riesenpandas

Riesenpandas gibt es schon seit Jahrmillionen. Einst waren sie die Haustiere der chinesischen Kaiser, heute aber sind sie fast ausgestorben. Frei lebend findet man sie nur noch in sechs kleinen Bergregionen in China. Riesenpandas sind sehr menschenscheu, sie leben meist als Einzelgänger. Trotzdem gehören sie zu den bekanntesten und beliebtesten Tieren.

WWF

Der WWF (Weltweiter Verbund zum Schutz wild lebender Tiere) hat den Riesenpanda als Symbol gewählt, weil dieser unter allen bedrohten Tierarten besonders bekannt und beliebt ist. 1980 begann der WWF seine Arbeit in China. Bis heute wurden fast 20 Millionen DM ausgegeben, um 14 neue Reservate mit insgesamt mehr als 7.800 km² Fläche zu schaffen. So ist die Hälfte des Lebensraumes der heutige lebenden Riesenpandas für immer geschützt.

Starrer Blick

Ein starrer Blick wird von vielen Tieren instinktiv als Bedrohung verstanden. Die großen schwarzen Flecken um die Augen lassen den Blick des Riesenpanda noch intensiver wirken. Die schwarzen Ohren sehen wie ein weiteres Augenpaar aus. Das bedrohliche Aussehen ist für den Riesenpanda ein wirkungsvoller Schutz.

Der Riesenpanda wird etwa 1,20 bis 1,50 m groß und 80 bis 100 kg schwer. Er hat einen 12 cm langen Schwanz. Sein Fell ist sehr dicht, sogar seine Fußsohlen sind behaart. Das schwarzweiße Fell sieht zwar weich und seidig aus, es ist aber fest, rau und sehr dick. Pandas sind eigentlich Fleischfresser. Sie fressen gern Fische und Nagetiere. Sie haben sich aber an ihre

Umgebung angepasst und leben deshalb heute hauptsächlich von Pflanzen. 99 Prozent ihrer Nahrung besteht heute aus Stielen, Schösslingen und Blättern der Bambuspflanze. Mit ihrem verlängerten Handwurzelknochen können sie die Stiele wie mit einem Daumen festhalten.
Gut versteckt im Wald verbringt der Panda die meiste Zeit des Tages mit Fressen. In 14 Stunden vertilgt er etwa 15 kg Bambus – das sind ungefähr 10 Prozent seines Körpergewichtes. Bambus ist nicht sehr nahrhaft, und ein Panda verdaut nur einen Teil seiner Nahrung. Darum muss er viel Futter in sehr kurzer Zeit zu sich nehmen.

Riesenpandas halten im Gegensatz zu vielen anderen Bären keinen Winterschlaf.

Ein neugeborener Panda wiegt nur etwa 100 g – so viel wie eine Tafel Schokolade.

Weil immer mehr Bambuswälder abgeholzt werden, findet der Riesenpanda kaum noch Nahrung und Lebensraum.

Magische Pandas

Schon zu Beginn unserer Zeitrechnung galten die Riesenpandas als etwas Besonderes. Von 206 v. Chr. bis 24 n. Chr. hielten die chinesischen Kaiser seltene Tiere in den Gärten ihres Palastes. Die Pandas waren die beliebtesten unter ihnen. Der chinesische Dichter Bai Juyo schrieb, dass sie magische Kräfte besäßen, mit denen sie böse Geister, Naturkatastrophen und Krankheiten abwenden könnten.

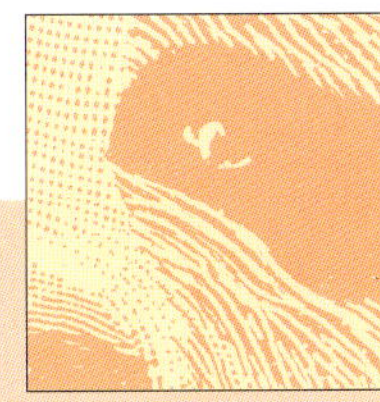

FRÖHLICHER PANDA

Normalerweise ist einem Riesenpanda seine Stimmung nicht anzumerken. Weil das Gesicht eines Panda kaum jemals eine Reaktion zeigt, sind diese Tiere sehr schwer zu verstehen und einzuschätzen. Ein zweijähriger Panda, der den größten Teil seines Lebens in einem Forschungszentrum in einem abgedunkelten Raum verbracht hatte, verhielt sich ganz anders. Als man ihn in ein Freigehege ließ, war er außer sich vor Freude. Wieder und wieder rannte er einen Hügel hinauf und kugelte herab.

Bis eine Bambuspflanze blüht, können 10 bis 100 Jahre vergehen. Dann bildet die Pflanze Samen und stirbt ab. Nun dauert es wieder einige Jahre, bis aus dem Samen neue Pflanzen gewachsen sind. In dieser Zeit muss der Panda seine Ernährung ändern oder in ein anderes Gebiet umziehen, damit er überleben kann. Weil immer mehr Bambuswälder zerstört werden, gibt es kaum noch Lebensraum und Nahrung für den Riesenpanda. Heute leben weniger als 1.000 Riesenpandas in freier Wildbahn.

Père Armand Davis beschrieb 1869 als erster Europäer den Riesenpanda.

Schwarze Augen

Eine Legende erzählt, dass die Riesenpandas einmal ganz weiße Gesichter hatten. Einer von ihnen freundete sich mit einem Mädchen an, der jüngsten von vier Schwestern. Sie spielten oft zusammen und waren sehr vergnügt. Eines Tages schlich sich ein hungriger Tiger an. Er wollte den Panda fressen, doch das Mädchen warf sich dazwischen. Der Panda rieb als Zeichen seiner Trauer seine Arme mit schwarzer Asche ein. Er weinte lange Zeit und rieb sich dabei immer wieder mit den geschwärzten Pranken die Augen. So kamen die dunklen Augenflecken zustande.

Einhörner

Das Einhorn ist ein Wesen, das wir aus mittelalterlichen Legenden kennen. Es sieht aus wie ein Pferd, aber auf seiner Stirn trägt es ein langes, spitzes Horn. Die Legende erzählt, dass das Einhorn mit seinem Horn einen vergifteten Teich klärte, sodass alle Tiere daraus trinken konnten.

Berühmtes Pferd

Das Pferd Hans konnte rechnen. Vor einem Publikum stellte sein Dompteur eine Rechenaufgabe, etwa 2 x 4. Hans klopfte die Antwort mit dem Huf auf den Boden. Wie konnte er das wissen? Ganz einfach. Der Dompteur kannte die feine Aufmerksamkeit seines Pferdes. Kurz vor der richtigen Antwort zog er die Augenbrauen in die Höhe, das Pferd reagierte auf dieses Zeichen und hörte auf zu klopfen.

Pferde

Pferde gehören zu den Tierarten, die besonders eng mit dem Leben der Menschen verbunden sind. Seit Jahrhunderten werden sie gejagt und gezüchtet. Sie tragen unsere Lasten, ziehen unsere Wagen, Pflüge und Kutschen. In Kriegen wie beim Sport und Vergnügen haben sie uns begleitet. Menschen und Pferde können enge Freundschaft schließen – ob das Mädchen und ihre Ponys sind oder Alexander der Große und sein Pferd Bucephalus.

Vor langer Zeit wurden die Wildpferde von Wölfen, Großkatzen und anderen Raubtieren gejagt. Weil diese zu den schnellsten und gefährlichsten Jägern der Erde gehören, mussten die Pferde ausgezeichnete Sinne und Instinkte entwickeln, um zu überleben. Ihr natürliches Alarmsystem ist daher eines der empfindlichsten im ganzen Tierreich.

Obwohl die Pferde seit Jahrhunderten eng mit den Menschen zusammenleben, haben sie ihre scharfen Instinkte nicht verloren.

Es gibt mehr als 100 gezüchtete Pferderassen.

Die Pferde in der Camargue leben in Freiheit. Manche werden auch zum Hüten von Rinderherden eingesetzt.

Seit Jahrhunderten arbeiten Pferde zum Nutzen der Menschen.

Selbst in völliger Dunkelheit nehmen sie Bewegungen wahr, die kaum ein anderes Lebewesen bemerken würde. Sie können die leisesten Geräusche hören und ein Raubtier auf große Entfernung wittern.
Weil Pferde von Natur aus ängstlich sind, erschrecken sie leicht bei plötzlichen oder unbekannten Bewegungen oder

Wenn Pferde gehen, bewegen sie meistens die einander schräg gegenüber liegenden Beine gleichzeitig.

Geräuschen. Dann versuchen sie ihrem natürlichen Instinkt zu folgen und um ihr Leben zu rennen.
Wird ein Pferd grob oder brutal behandelt, gewinnt der Fluchtinstinkt leicht die Ober-

Ausgewachsene Pferde haben 40 bis 42 Zähne.

hand. Dann möchte das Pferd verständlicherweise um jeden Preis fliehen und wird oft zu Unrecht wild oder unzähmbar genannt.

Manche Rennpferde erreichen Geschwindigkeiten von 65 km/h.

„Pferdeflüsterer“ sind Trainer, die dieses von Angst und Selbstschutz bestimmte Verhalten der Tiere verstehen. Mit leisen Worten und sanften Bewegungen beruhigen sie die Pferde und gewinnen so ihr Vertrauen. Der Amerikaner Frank Bell studierte die Art, wie die Indianer ihre Pferde zähmen. Er sagt, dass für ein Pferd der erste Eindruck sehr wichtig ist. Schon im ersten Augenblick einer Begegnung muss ein Pferd sich entscheiden, ob es fliehen soll oder bleiben kann. Ganz langsam überwindet Frank Bell das natürliche Misstrauen der Pferde. Hat er das geschafft, tut das Pferd fast alles für ihn. „Das Wort ‚Liebe‘“, sagt Bell, „ist nicht übertrieben.“

Hufeisen

Die meisten Pferde tragen Hufeisen, damit die Hufe durch das Gehen auf harten Straßenbelägen nicht beschädigt werden. Früher wickelte man die Hufe der Pferde in Lederstücke ein. Hufeisen gelten als Glücksbringer – aber nur, wenn man sie mit der Öffnung nach oben aufhängt. Andersherum aufgehängt, fällt das Glück heraus.

VERSTÄNDIGUNG

Auf einem Bauernhof standen ein Pferd und ein Bulle auf der gleichen Weide. Eines Tages wurde der Bulle verkauft. Das Pferd wurde plötzlich krank. Man rief den Tierarzt, aber der konnte keine Krankheit feststellen. Schließlich kam man auf die Idee, dass das Pferd an Sehnsucht leide. Der Bauer rief den neuen Besitzer des Bullen an und bat ihn, den Bullen ans Telefon zu holen. Dann hielt er den Hörer an das Maul des Pferdes und ließ es wiehern. Bei diesem Geräusch begann der Bulle zu brüllen. Das Pferd wieherte zurück, und so begann das seltsamste Telefongespräch der Welt. Jeden Tag telefonierten die beiden Tiere miteinander. Das Pferd wurde bald wieder gesund.

Comanche

Captain Keogh von der US-Kavallerie ritt in der Schlacht am Little Big Horn im Jahre 1876 ein Pferd mit Namen Comanche. Obwohl es im Kampf verletzt wurde und sich kaum auf den Beinen halten konnte, trug das Pferd seinen Reiter viele Stunden lang. Noch heute wird Comanche in Amerika als Held verehrt.

Comanche war das einzige Pferd, das die Schlacht überlebte.

Büffel und Bisons

Büffel gelten seit jeher als Symbol des Lebens. Die Menschen aßen ihr Fleisch, sie verarbeiteten die Büffelfelle zu Kleidung und Zelten. Aus den Sehnen wurde Garn gemacht, aus den Knochen Nadeln, Werkzeuge und Messer. Weil die Büffel so viel für die Versorgung des Menschen boten, sind sie auch Sinnbild der Großzügigkeit.

Büffel-Tanz

In Südfrankreich fand man Höhlenmalereien, die etwa 10.000–30.000 v. Chr. entstanden. Sie zeigen maskierte Männer, die Büffel auf eine Felsschlucht zutreiben, um sie zu töten. Dabei führen die Männer einen lebhaften Tanz auf. Die Schwarzfuß-indianer im kanadischen Montana jagten Büffel auf ähnliche Weise. Eine Legende erzählt, dass sie den Tanz im Anschluss an eine Abmachung lernten. Ein junges Mädchen hatte sich mit einem Büffel vermählt. Als Dank opferte sich die restliche Herde, um dem Stamm als Nahrung zu dienen.

Der amerikanische Büffel ist eigentlich ein Bison, während „echte Büffel“ in Asien und Afrika zu Hause sind. Der amerikanische Bison ist ein beeindruckendes Tier. Er hat einen wuchtigen Kopf und bucklige Schultern mit dichtem, langem Fell. Männliche

Unter 5 Millionen braunen Büffeln findet man nur einen einzigen weißen.

Büffel wiegen etwa 725 kg, Kühe nur ungefähr 450 kg.
Die Schulterhöhe eines Bisons beträgt fast 2 m, die Länge seines

Büffel mögen gern durchs Wasser waten und sich im Schlamm wälzen.

Körpers 2–3,50 m. Afrikanische Büffel sind kleiner, sie werden etwa 2–3 m lang.
Der afrikanische Kaffernbüffel hat lange, gebogene Hörner und eine recht kleine Mähne. Kaffernbüffel sind besonders aggressiv. Sie können durchaus einen Löwen besiegen. Indische Wasserbüffel haben die längsten Hörner von allen Tieren. Der Abstand von Spitze zu Spitze kann bis zu 4 m betragen.
Büffel ernähren sich in erster Linie von Gras, das sie meist morgens und abends fressen. Tagsüber ruhen sie sich aus, käuen wieder oder wälzen sich im Wasser, Schlamm oder Staub. So vertreiben sie Ungeziefer, das sich gern in ihrem dichten Fell festsetzt.

Früher grasten in der amerikanischen Prärie Büffelherden, so weit das Auge reichte. Thomas Farnham berichtete von einer Reise im Jahre 1839, auf der er drei Tage lang von Büffeln umgeben war. Er schätzte, dass die Herde etwa eine Million Tiere umfasste und eine Fläche von

Eine Büffelherde in Zimbabwe wurde über zwanzig Jahre lang von einem Elefanten angeführt.

3.500 km^2 einnahm. Die gewaltigen Herden bestanden aus kleineren Gruppen von je 50–100 Tieren. Meist übernahm ein altes weibliches Tier die Führung.

Büffelvögel

Zwei Vögel leben in enger Gemeinschaft mit Büffeln. Sie sitzen auf deren Rücken. Der Kuhreiher fliegt von Zeit zu Zeit auf, um Insekten aufzupicken, die der große Büffel beim Gehen durch das Gras aufscheucht. Der afrikanische Buphagus ernährt sich von den Zecken, die im dichten Fell des Büffels sitzen. Diese kleinen Vögel verbringen fast ihr ganzes Leben auf dem Rücken des Büffels, manchmal balzen sie dort sogar.

SELTSAME BÜFFEL

Der Viehhändler Michell Pablo hatte eine Herde Büffel an die kanadische Regierung verkauft. Er unternahm drei Versuche, die Tiere einzufangen. Zuerst wollte er sie in Viehwagen transportieren. Angeführt von einem alten Bullen trotteten die Tiere die Rampe des Wagens empor. Ohne den Schritt zu verlangsamen, trampelten sie die gegenüber liegende Wand des Wagens nieder und wanderten wieder in die Freiheit. Dann trieb er sie in einem Gatter vor einem steilen Felshang zusammen. Die Büffel liefen in das Gatter und wieder heraus – die Felsen hoch. Als der Händler schließlich eine kleine Gruppe erfolgreich eingesperrt hatte, durchbrach ein großer Bulle die Holzverkleidung und führte die Tiere in die Freiheit.

Büffel und Bisons wurden gejagt, bis sie fast ausgestorben waren. Heute sind die Büffelherden Amerikas wieder auf etwa 35.000 Tiere angewachsen.

Wölfe

Heulende Wölfe

Wölfe haben ein ausgeklügeltes Verständigungssystem. Duftmarken, Körpersprache, Bewegung von Fell, Ohren und Schwanz gehören dazu, aber auch Grimassen, Blicke und Geräusche. Wölfe heulen als Begrüßung, um mit anderen Tieren in Verbindung zu bleiben, als Warnung bei Gefahr, um Fremdlinge im Revier abzuschrecken – und auch einfach zum Vergnügen.

Wolf und Kranich

Einem Wolf war ein kleiner Knochen im Hals stecken geblieben. Ein Kranich erklärte sich bereit, ihn herauszuholen. Als der Kranich nach seiner Belohnung fragte, sprach der Wolf: „Sei nur zufrieden. Du hast deinen Kopf in den Rachen eines Wolfes gesteckt und heil wieder herausgezogen. Das sollte Belohnung genug sein."

Wölfe rollen sich bei eisigen Temperaturen mit dem Rücken zum Wind zusammen. Sie schieben die Nase zwischen die Beine und bedecken das Gesicht mit dem Schwanz.

Wölfe lieben die Freiheit, dennoch leben sie in Lebensgemeinschaften mit strengen Regeln. Ein Rudel umfasst selten mehr als 12 Tiere. Ungehorsam, Selbstsucht und Regelverstöße werden nicht geduldet. Jedes Rudel wird von einem Wolfspaar angeführt, dem Alphamännchen und dem Alphaweibchen. Dieses Paar bleibt lebenslang zusammen.

Das ganze Rudel ordnet sich dem Alphapaar respektvoll und mit großer Zuneigung unter. Wölfe zeigen ihre Unterordnung, indem sie die Ohren zurücklegen und den Schwanz zwischen die Hinterbeine klemmen.
Wenn das Alphaweibchen Junge wirft, ist das ganze Rudel für die Aufzucht verantwortlich. Das Muttertier gräbt einen unterirdischen Bau, manchmal helfen auch andere Weibchen aus dem Rudel dabei. In diesem Bau, zu dem ein kurzer Tunnel führt, kommen die Jungen zur Welt. Währenddessen versammeln sich draußen die übrigen Wölfe. Sie heulen laut, wedeln mit den Schwänzen und lecken sich gegenseitig das Fell.

Wölfe können in einer Nacht 50–65 km weit laufen.

Wölfe heulen, um in Verbindung zu bleiben, um sich gegenseitig zu warnen oder um andere Rudel abzuschrecken.

Wolfswelpen werden liebevoll umsorgt. Wenn das Rudel auf die Jagd geht, bleibt stets ein Wolf als „Babysitter" bei den Kleinen. Rangeleien kommen in Wolfsrudeln öfter vor, aber sie sind meist ungefährlich. Das stärkere Tier überwältigt den Angreifer schnell. Dieser legt sich auf den Rücken und zeigt seine verletzliche Kehle, um zu zeigen, dass er sich unterordnet.

Ein Wolf hat ein sehr feines Gehör. Sein Geruchssinn ist tausendmal schärfer als der eines Menschen. Ein Forscher beobachtete, dass ein fünf Monate altes Wolfsjunges den Geruch eines Stachelschweins auf $1\frac{1}{2}$ km Entfernung riechen konnte.

Wölfe jagen im Rudel. Dabei umkreisen sie Beutetiere wie Rehe, Karibus und Wildpferde. Sie fressen aber auch Kleinlebewesen wie Mäuse, Fische und Krebse.

Viele Wölfe sind Nachtjäger.

Ein Wolf kann in einer Mahlzeit bis zu 9 kg Fleisch fressen.

Man unterscheidet zwei große Rassen, den nordischen Grauwolf und den etwas kleineren Indischen Wolf. Grauwölfe können ganz unterschiedliche Fellfärbungen haben: von ganz Schwarz bis zum Weiß des Polarwolfes. Ein ausgewachsener Wolf ist etwa 40 kg schwer und 1,50 bis 2 m lang.

Romulus und Remus

Im 8. Jahrhundert v. Chr. wurden die Zwillinge Romulus und Remus geboren, die Erben des Thrones von Latium waren. Ihr Onkel befahl, dass die Säuglinge ermordet werden sollten. Doch ein Diener setzte die beiden in einem Holzkästchen auf dem Fluss Tiber aus. Das Kästchen wurde in der Nähe der heutigen Stadt Rom ans Ufer getrieben. Eine Wölfin rettete die beiden und zog sie groß.

Guten Appetit

Eine Redensart heißt: Wenn der Wolf frisst, fressen alle Tiere. Nachdem im Winter die Wölfe ihren Teil einer Beute verschlungen haben, kommen die Hasen, Wiesel, Stachelschweine, Mäuse und Spitzmäuse, um sich an den Resten satt zu fressen. Auch die Vögel holen sich einen Schnabel voll Fleisch.

GUTES GEDÄCHTNIS

Ein Naturforscher, der in der kanadischen Wildnis unterwegs war, traf auf eine Wölfin. Sie war mit einem Bein in einer Falle gefangen, neben ihr saß ihr Junges. Beide waren halb verhungert. Der Forscher fütterte das Junge und legte sich in der Nähe zum Schlafen. So gewann er das Vertrauen der Wölfin. Am Morgen befreite er sie. Die Wölfin zeigte ihm deutlich, dass er ihr folgen sollte. Sie führte ihn zu ihrem Rudel. Der Forscher blieb einige Tage beim Rudel, bis es weiterzog. Einige Jahre später zeltete er in der gleichen Gegend. Plötzlich tauchte ein Wolf auf und starrte ihn an. Am vernarbten Bein erkannte der Forscher, dass es die befreite Wölfin war.

Füchse

Fuchs, Esel und Löwe

Der Fuchs, der Esel und der Löwe waren zusammen auf die Jagd gegangen. Der Esel teilte die Beute in drei gleiche Teile. Der Löwe fraß den Esel. Der Fuchs aber wollte am Leben bleiben. Er legte alles Fleisch auf einen Haufen und gab es dem Löwen. Er selbst, so sagte er, sei mit den Resten zufrieden. Seitdem frisst der Fuchs nur Reste.

Aus Tierfabeln und Märchen kennen wir den Fuchs als gewitztes Schlitzohr, das stets auf Täuschung und Betrug aus ist. Das kommt wohl daher, dass Füchse sehr wandlungsfähig sind. Sie passen sich jeder Situation an und sie können sich fast unsichtbar bewegen. Statt den Fuchs frech und tückisch zu nennen, sollte man lieber seine Intelligenz, Aufmerksamkeit und gute Beobachtungsgabe bewundern.

Der Rotfuchs ist die am weitesten verbreitete Rasse. Man findet ihn in Kanada, Nordamerika, Europa, Australien und in Asien. Er kommt in allen Lebensräumen zurecht, ob Gebirge oder Sanddünen, ob Sumpf oder Großstadt. Jede Rotfuchsfamilie hat ein eigenes Revier. Bei Füchsen, die in der Stadt leben, ist es manchmal nur 200 m^2 groß. Füchse im Gebirge haben gelegentlich 65 km^2 große Reviere.

Füchse sind von Natur aus vorsichtig, sie kommen erst im Schutz der Dämmerung aus ihren Verstecken. In der Stadt sieht man sie manchmal im Scheinwerferlicht von Autos, wenn sie eine Straße überqueren. Ein Fuchs hat scharfe Sinne. Er kann auch Bewegungen und Objekte am äußersten

Viele Rotfüchse leben in Städten. Wenn es dunkel wird, plündern sie Mülltonnen und Papierkörbe.

Rand seines Gesichtsfeldes wahrnehmen. Der Fuchs ist auch ein Meister der Tarnung, er kann sich perfekt verstecken und ist dadurch fast „unsichtbar“. Sein Geruchssinn ist hoch entwickelt. Füchse haben eine sehr wandelbare Ernährung. Sie fressen hauptsächlich kleine Säugetiere, Würmer, Käfer, Früchte – und Abfälle. In der Stadt plündern Füchse oft Mülltonnen, Vogelhäuser oder Komposthaufen. Sie sind keine Raubtiere, sondern eher Aasfresser.
Polarfüchse können nur überleben, weil sie sich Futtervorräte anlegen. Sie töten mehr Tiere, als sie auffressen können. Vermutlich sagt ihnen ihr Instinkt, dass sie für schlechte Zeiten vorsorgen müssen. Wenn sie ihre Beute nicht gleich fressen oder wegschleppen, graben sie sie ein. In der Kälte halten sich Vögel, kleine Säugetiere und sogar Eier lange frisch. Polarfüchse haben ein gutes Gedächtnis, sie finden ihre Vorratsplätze stets wieder.
Normalerweise fressen die männlichen Füchse mehr als die Weibchen. Hat ein Weibchen aber Junge geworfen, schafft das Männchen zuerst Futter für die Familie herbei. Er selbst frisst erst, nachdem das Weibchen und die Jungen satt sind. Wenn die Jungen so groß sind, dass sie für sich selbst sorgen können, kehrt der Fuchs wieder zu seinem Einzelgängerleben zurück.

Wüstenfüchse haben sehr große Ohren. Sie erkennen ihre Beute am Geräusch.

Den Schwanz eines Fuchses nennt man wie bei anderen hundeartigen Tieren Rute.

Männliche Fuchswelpen verlassen den Bau, die weiblichen Welpen jedoch bleiben zurück. So hat ein erwachsener Fuchsrüde manchmal bis zu fünf weibliche Tiere bei sich.

Beide Fuchseltern spielen ausgiebig mit ihren Jungen. Es gibt mindestens 22 Signale im Spiel, und vermutlich können sich die Füchse auch geräuschlos verständigen. Eine Füchsin beobachtete einmal vom Eingang des Baus aus ihre Jungen, die davor spielten. Als eines der Jungen auf eine entfernter liegende Hecke zulief, erhob sich die Füchsin. Sie stand ganz still, richtete nur die Nase in die Richtung des Jungen. Das Junge lief langsamer, drehte sich um, sah seine Mutter an und kehrte dann schnell zum Bau zurück.
Füchse gehören zu den meistgejagten Tieren der Welt. Man jagt sie wegen ihres Fells, in manchen Ländern ist die Fuchsjagd sogar ein Sport. Auch als Überträger der Tollwut werden Füchse verfolgt.

RAFFINIERTE FLUCHT

Wenn es ums Überleben geht, ist dem Fuchs jeder Trick recht. Ein Fuchs, der von Hunden gejagt wurde, kam an einen Fluss, über den ein Baumstamm gefallen war. Er lief halb über den Baum, sah sich um und entdeckte eine kleine Insel mitten im Wasser. Er sprang auf die Insel, von dort wieder an das Ufer, von dem er gekommen war, und lief davon. Als die Hunde an den Fluss kamen, nahmen sie die Fährte des Fuchses auf und liefen über den Baumstamm. Am anderen Ende verloren sie die Fährte. Sie liefen eine Zeit lang im Kreis herum, dann gaben sie die Jagd auf.

Inari

Inari ist die japanische Gottheit der Nahrung oder des Reis', die sowohl männlich als auch weiblich sein kann. Der Fuchs ist der Bote dieser Gottheit. In vielen japanischen Familien wird Inari als Symbol des Wohlstandes und der Freundschaft verehrt. In den Städten sieht man oft Schreine, die von kleinen Fuchsstatuen bewacht werden. Der Haupttempel der Gottheit Fushimi-Inara im Südosten von Kyoto wurde etwa 700 n. Chr. erbaut.

Schlangenbeschwörer

Viele Menschen glauben, dass man Schlangen mit Flötenmusik zum Tanzen bringen kann. Das ist aber falsch. Schlangen haben gar kein Trommelfell, sie sind taub. Schlangen werden also nicht vom Klang der Flöte bezaubert. Sie reagieren auf die schwingenden Bewegungen des Instruments und des Spielers, und auch auf die Schwingungen, die der Klang im Boden verursacht.

Hast du das gewusst:

Das Jacobson'sche Organ ist ein kleiner Bereich im Maul von Schlangen und anderen Reptilien. Es ist mit speziellen Zellen ausgekleidet, mit deren Hilfe eine Schlange den „Geschmack" ihrer Beute in der Luft, im Wasser oder am Boden verfolgen kann. Darum lassen Schlangen ihre Zunge so oft aus dem Maul schnellen.

Schlangenzeichen

Dieses auch heute noch verwendete Symbol war ursprünglich das Zeichen des Äskulap, des griechischen Gottes der Heilkunst. Hermes, der griechische Götterbote, trägt einen Zauberstab bei sich, um den sich ebenfalls zwei Schlangen ringeln. Die Bibel erzählt, dass Moses eine Schlange fand, die jeden heilen konnte, der sie ansah.

Schlangen

Seit jeher finden wir Menschen die Schlangen faszinierend und gleichzeitig Furcht einflößend. In Asien gelten sie als Symbol des Neubeginns und der Veränderung. Das rührt daher, dass Schlangen sich regelmäßig häuten. In christlichen Ländern stehen die Schlangen auch für das Böse. Der Teufel nahm die Form einer Schlange an, um Eva im Garten Eden in Versuchung zu führen.

Schlangen haben keine Gliedmaßen, sie gleiten in einer fließenden, wie Zauberei wirkenden Bewegung über den Boden. Tatsächlich halten sich die Schlangen mit ihren Schuppen an rauen Stellen am Erdboden fest,

Klapperschlangen schütteln ihr Schwanzende, um ein lautes Rasseln zu erzeugen.

dann schieben sie ihren Körper über diese Verankerungspunkte vorwärts.
Die Bewegung der Schlangen wirkt gleichmäßig, fließend und schnell. Das sieht aber nur so aus. In Wirklichkeit könnte eine Schlange nicht mit einem Menschen mithalten, der zügig geht. Die Hand eines Menschen kann schneller nach einem Gegenstand greifen, als eine Schlange zuschnappen kann.
Die schnellste an Land lebende Schlange ist die Schwarze Mamba, die in der südlichen Sahara zu Hause ist. Über kurze Strecken kann sie Geschwindigkeiten von mehr als 10 km/h erreichen.
Wenn Schlangen wachsen, werfen sie regelmäßig ihre Haut ab. Sie reiben ihren Körper an einem rauen Gegenstand, etwa einem Baumstamm oder einem Felsen. Unter der alten Haut kommt eine

Schlangen haben keine Augenlider. Ihre Augen werden von durchsichtigen Schuppen geschützt.

Schlangen werfen ihre Haut in einem Stück ab. Beim Herauskriechen krempeln sie die alte Haut um.

neue mit sauberen, glänzenden Schuppen zum Vorschein. Manche Schlangen sind giftig. Sie haben spitze Fangzähne und Giftdrüsen. Hauptsächlich gebrauchen sie das Gift, um Beute zu töten. Auch wenn sie sich verteidigen müssen, beißen sie manchmal mit ihren Giftzähnen zu. Zu den gefährlichsten Giftschlangen zählen die Vipern. Die 163 verschiedenen Viperarten haben besonders lange Giftzähne, die sie umklappen können, wenn sie sie nicht benutzen. Die Giftschlangen machen weniger als ein Viertel aller Schlangen aus. Würgeschlangen packen ihre Beute mit den Zähnen, dann

Eine Kobra ist vom Tag ihrer Geburt an tödlich giftig.

schlingen sie ihren Körper fest um das Opfer und drücken zu, bis die Beute erstickt. 1996 fing man bei Tenang in Malaysia eine Riesenpython von 6,0 m Länge, 76 cm Durchmesser und einem Gewicht von 140 kg.

Schlangen leben an sehr unterschiedlichen Orten: im Meer, in unterirdischen Bauten, in der Wüste oder hoch auf Bäumen.

Nagas

Im Hinduismus sind Nagas Dämonen in Schlangenform. Ihre Kraft rührt von einem Edelstein her, den sie im Hals oder im Schädelknochen tragen. Das Wort „Naga“ bedeutet „die nicht gehen, sondern kriechen“. Die Götter reichten einen Becher mit einem Trank herum, der sie unsterblich machte. Die Nagas schnappten danach und verschütteten einige Tropfen auf den Boden. Als sie die Tropfen aufleckten, spaltete das Gras ihre Zungen. Seitdem haben alle Schlangen gespaltene Zungen.

Starrer Blick

Schlangen haben keine Augenlider. Eine Legende erzählt, dass einst in Australien der gute Geist Biame zusammen mit allen Geschöpfen lebte. Als eines Abends der Sturmgeist Ngar-ang in der Dunkelheit vorbeiritt, befahl Biame allen Geschöpfen, die Augen geschlossen zu halten und nicht aufzublicken. Alle Tiere gehorchten, nur die Schlange konnte nicht widerstehen und öffnete die Augen. Als Ngar-ang das Augenpaar in der Dunkelheit blitzen sah, stürzte er herab, um mit Biame zu kämpfen. Zur Strafe nahm Biame der Schlange die Augenlider weg.

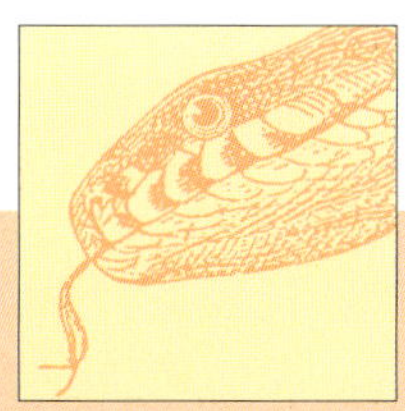

DIE „COBRA GRANDE“

Der Amazonas in Südamerika ist der längste Fluss der Erde. Er ist auch die Heimat der mystischen „Cobra Grande“, einer gewaltigen Wasserschlange, die angeblich einen ganzen Ochsen verschlingen kann. Seit 1906 gibt es regelmäßig Berichte von Menschen, die das Tier gesehen haben wollen. Auch gewaltige Kriechspuren, die vom Fluss zu sumpfigen Seen führen, sind entdeckt worden. Als ein Forscherteam vom National Institute of Amazonian Research solche Spuren untersuchte, trafen die Wissenschaftler auf Soldaten. Diese wollten gerade Bomben in den See werfen, um das Ungeheuer zu töten. Mehr als die gewaltigen Spuren und einen großen, gehörnten Kopf hat man bis heute nicht gesehen.

Schwarze Katzen

Früher glaubte man, dass Katzen magische Kräfte besäßen, man brachte sie auch oft mit Hexen in Verbindung. Noch heute halten viele Menschen schwarze Katzen für Unglücksboten. Wenn man aber einer schwarzen Katze begegnet und sie dreimal streichelt, dann soll das Glück bringen. Kommt eine schwarze Katze unaufgefordert ins Haus, so soll man sie nicht fortjagen. Läuft jedoch eine schwarze Katze während einer Theatervorstellung über die Bühne, so gilt sie als Vorbotin eines großen Unglücks.

Die Ägypter huldigten der Katzengöttin Bastet. Ihr jährliches Fest wurde im ganzen Land gefeiert.

Katzen

Hauskatzen haben eine besondere Beziehung zu den Menschen. Man sagt, es seien die einzigen Tiere, die einem Menschen geradewegs in die Augen sehen können. Obwohl Katzen seit über 4.000 Jahren als Haustiere gehalten werden, sind sie sehr unabhängige Wesen. Erst wenn ein Mensch ihr Herz erobert hat, lassen sie sich gern verwöhnen.

Katzen kommen und gehen, wann und wie es ihnen gefällt. Wenn sie vernachlässigt werden, ziehen sie manchmal kurzerhand um und suchen sich einen Menschen, der ihre Zuneigung mehr verdient hat. Hat eine Katze ihren Besitzer aber ins Herz geschlossen, folgt sie ihm bis ans Ende der Welt. Katzen sind Einzelgänger, sie

Für die Römer war die Katze ein Symbol der Freiheit.

gehen in der Dämmerung auf die Jagd. Selbst eine Katze, die tagelang auf der Fensterbank sitzt und nach draußen schaut, folgt manchmal ganz plötzlich ihrem Instinkt und verlässt das Haus. Vielleicht will sie nur ihr Revier markieren. In der freien Natur braucht jede Katze ein großes Revier, in dem sie ihre Nahrung

Eine Katze stellt ihr Fell auf, um größer und bedrohlicher auszusehen.

fängt. Obwohl die meisten Hauskatzen nicht auf die Jagd gehen müssen, haben sie den Revierinstinkt nicht verloren. Vor allem für Kater ist

das Revier sehr wichtig. Ihre Reviere können bis zu zehnmal größer als die der weiblichen Katzen sein.
Wie ihre großen Verwandten, die Löwen, setzen Katzen ihre Energie gezielt ein und schlafen sonst gern und viel. Wenn es kalt ist, rollen sie sich zusammen. Fühlt sich eine Katze warm und entspannt, streckt sie sich lang aus. Löwen fressen oft nur einmal in der Woche. Katzen dagegen bevorzugen viele kleine Mahlzeiten. Auf Veränderungen reagieren sie empfindlich, dann verlieren sie manchmal Tage lang den Appetit. Katzen haben eine umfangreiche Körpersprache. Wenn sie aufmerksam sind oder jagen, stellen sie die Ohren nach vorn.

Wenn eine Katze Angst hat, schwitzen ihre Pfoten.

Katzen sind gute Haustiere. Sie sind sauber und unabhängig, und sie lassen sich gern streicheln.

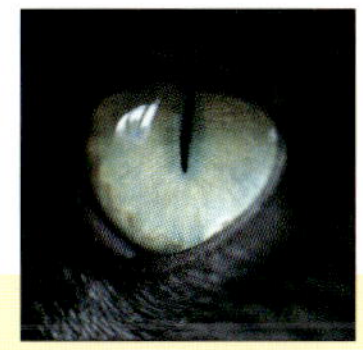

Katzenaugen

Am Tage sehen die Pupillen der Katzen wie schmale Schlitze aus. In der Dunkelheit öffnen sie sich, um möglichst viel Licht ins Auge fallen zu lassen. Im Dunkeln kann eine Katze sechsmal besser sehen als ein Mensch. Katzenaugen leuchten im Dunkeln. Das liegt daran, dass eine Zellschicht in ihrem Inneren das Licht reflektiert.

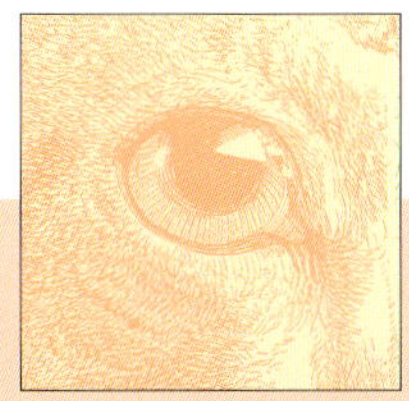

FREUNDSCHAFT

Ein Mann in Magdeburg begegnete jeden Tag auf dem Weg zur Arbeit einer streunenden Katze. Er sprach mit dem Tier und streichelte es. Eines Morgens im Jahre 1944 rasierte sich der Mann gerade, als es an der Tür miaute. Er öffnete, und da stand die streunende Katze. Sie war sehr aufgeregt, rieb sich an seinen Beinen und gab ihm zu verstehen, dass er mit ihr kommen sollte. Der Mann folgte der Katze fast einen Kilometer weit. Plötzlich hörte er Flugzeuge über sich, dann fielen Bomben. Das Haus, in dem der Mann gewohnt hatte, wurde dem Erdboden gleichgemacht. Die streunende Katze hatte sein Leben gerettet.

Katzen streifen gern durch Gärten und Felder.

Ist die Katze nervös, zuckt sie mit den Ohren. Und wenn sie aggressiv oder sehr verängstigt ist, legt sie die Ohren nach hinten. Schwenkt eine Katze den Schwanz leicht hin und her, ist das ein Zeichen für Freude oder – auf der Jagd – für Sprungbereitschaft. Schlägt sie dagegen heftig mit dem Schwanz, ist sie zornig.

Manxkatzen

Auf der englischen Isle of Man leben Katzen, die keinen Schwanz haben. Eine Legende erzählt, dass Eroberer der Insel den Katzen die Schwänze abschnitten, um ihre Helme damit zu schmücken. Die Katzenmütter wollten ihre Jungen schützen und bissen ihnen gleich nach der Geburt die Schwänze ab. Schließlich wurden die Katzen ohne Schwanz geboren. In Wirklichkeit wurden die schwanzlosen Katzen vermutlich im 16. Jahrhundert von phönizischen Händlern mitgebracht.

Hunde

Unter allen Haustieren ist der Hund dem Menschen am treuesten ergeben. Wir wissen von vielen Hunden, die ihrem Herrn Freund und Gefährte waren. Manche haben sogar ihr Leben geopfert, um einen Menschen zu retten. Hunde helfen bei der Polizeiarbeit, sie zogen auch schon mit in den Krieg. Nicht umsonst nennt man den Hund den besten Freund des Menschen.

Argus

Als der griechische Held Odysseus in den Krieg zog, war sein Hund Argus noch ein Welpe. Der Hund wuchs heran und diente anderen Menschen. Schließlich war er alt, niemand wollte ihn mehr haben. Er wurde davongejagt und schlief auf einem Misthaufen. Dort fand Odysseus seinen geliebten Hund, als er 20 Jahre später nach Hause kam. Argus war zu schwach, um aufzustehen. Er wedelte mit dem Schwanz – und starb vor Freude.

Bernhardiner sind große, stämmige Hunde, die gern von der Bergwacht eingesetzt werden.

Hunde sind die Nachfahren von Wölfen und Kojoten. Durch Jahrhunderte lange Zucht und Auswahl sind bis heute hunderte von unterschiedlichen Hunderassen entstanden. Hunde werden bis heute für viele Aufgaben trainiert. Sie hüten Schafe und Rinder. Sie werden bei der Jagd auf Wild eingesetzt. Manche arbeiten bei der Polizei, andere helfen blinden Menschen. Manche werden als Wachhunde eingesetzt, andere werden für den Sport gezüchtet. Windhundrennen sind in England sehr beliebt. Einige Hunderassen sind sehr widerstandsfähig. Sie ziehen in eisigen Landschaften Schlitten über Schnee und Eis, oder sie dienen Schafhirten in kalten Gebirgslagen als „lebende Bettdecke".
Jede Hunderasse hat im Laufe der Zeit ihre speziellen Eigenschaften entwickelt. Manche lieben das Wasser, andere laufen gern große Strecken, manche bevorzugen ein kaltes Klima, andere haben es lieber warm.

Hunde hecheln und lassen die Zunge aus dem Maul hängen, um sich zu kühlen.

Hunde gehen auf ihren Fußspitzen.

Hunde brauchen viel Bewegung, mindestens einen großen Spaziergang am Tag.

Hunde haben einen ausgeprägten Geruchssinn. Zu ihren Lieblingsbeschäftigungen gehört das Wälzen. Manchmal wälzen sie sich in etwas, das wir Menschen ekelhaft finden – und das scheint ihnen sogar doppeltes Vergnügen zu bereiten.
Manche Menschen glauben, dass

Schon in der Steinzeit hielten die Menschen gezähmte Wildhunde.

Hunde den Tod vorhersehen können. Dafür gibt es eine Erklärung. Wenn ein Mensch dem Tod nahe ist, geschehen in seinem Körper chemische Veränderungen. Solche Veränderungen kann ein Hund riechen.
Wer meint, dass Tiere keine Gefühle haben, der sollte sich einmal die Freude eines Hundes ansehen, wenn seine Besitzer von einer Reise zurückkehren, wenn er nach draußen darf oder wenn er von der Leine gelassen wird.

Chihuahuas sind nach dem mexikanischen Staat Chihuahua benannt.

Hunde können ein einziges Geruchsmolekül unter einer Million anderer erkennen.

Ein Hund spielt kein Theater. Er bellt, springt und rennt herum, weil er sich in solchen Momenten wirklich freut.
Hunde können auch ein schlechtes Gewissen haben. Wenn ein Hund weiß, dass er etwas angestellt hat, kommt er seinem Herrn oft in geduckter Haltung und mit gesenktem Kopf entgegen. Hunde sind unglaublich treu und anhänglich, selbst wenn sie schlecht behandelt werden.
Zu den größten Gaben der Hunde gehört ihre Treue und Zuverlässigkeit, oft bis zur Selbstaufgabe. Die Hündin Jane war ihrem Besitzer Brian treu ergeben. Eines Tages ging Brian Bergsteigen. Er ließ Jane mit dem Befehl „Bleib!“ bei seiner Jacke zurück. Brian stürzte und wurde ins Krankenhaus gebracht. Als er erwachte, konnte er sich zuerst an nichts erinnern. Erst nach 15 Tagen kehrte sein Gedächtnis zurück, und er erinnerte sich auch an Jane. Sie war fast verhungert, aber sie saß noch immer bei seiner Jacke.

ERSTE HILFE

Während des Zweiten Weltkrieges wurde ein Wachoffizier im niederländischen Marinestützpunkt De Kooy auf einen Schäferhund aufmerksam. Der große Hund kam an das Tor, winselte, scharrte mit der Pfote am Boden und lief wieder davon. Alle zehn Minuten wiederholte der Hund das. Schließlich folgte der Wachmann ihm. Der Schäferhund führte ihn zu einem anderen, schwer verletzten Hund, der offenbar von einem Auto angefahren worden war. Nachdem der Schäferhund so Hilfe geholt hatte, begann er, dem verletzten Hund die Wunden zu lecken, und stellte sich über ihn, als es zu regnen begann.

Beddgelert

Das kleine Dorf Beddgelert in Wales trägt seinen Namen nach einer alten Legende. Prinz Llywelyn ließ seinen treuen Hund Gelert zurück, um auf seinen Sohn aufzupassen, und ging auf die Jagd. Als Llywelyn zurückkehrte, kam ihm der Hund entgegen. Blut tropfte von seinem Maul und von seinen Pranken. Entsetzt sah der Prinz, dass die Wiege seines Sohnes umgekippt und leer war. Er tötete den Hund mit seinem Schwert. Dann hörte er ein leises Wimmern. Er fand seinen Sohn, und neben ihm lag ein großer, toter Wolf. Gelert hatte ihn getötet, um das Kind zu retten. Voll Trauer begrub der Prinz den Hund und setzte ihm ein Denkmal, damit alle Welt von seiner Tapferkeit erfahren sollte.

Fressgewohnheiten

Normalerweise frisst ein Hund, bis er satt ist. Es gibt aber Geschichten über Hunde, die diesen Instinkt überwinden konnten. Im US-Staat Tennessee fiel eine Hündin in eine Felsspalte, ohne dass ihre Besitzer dies bemerkten. Ein Rüde, der im gleichen Haus lebte, fraß immer nur einen Teil seines Futters. Den Rest packte er und lief damit davon. Als die Hündin zehn Tage später gefunden wurde, wurde den Rettern klar, dass der Hund sein Futter zur Schlucht gebracht hatte, um die Hündin nicht verhungern zu lassen.

Affenmenschen

Auf den Philippinen erzählt man vom Gott Bathala. Er nahm einen Klumpen Lehm, um daraus die Menschen zu formen. Als er fast fertig war, rutschte ihm der Lehm aus der Hand. Beim Auffangen zog er den Lehm versehentlich in die Länge, ein Schwanz entstand. „Du sollst ein Affe sein und in den Bäumen leben", sagte Bathala.

Affen

Wir Menschen zählen uns nicht gern zu den Tieren. Wenn wir aber die großen Affen ansehen, können wir die enge Verwandtschaft nicht leugnen. Tatsächlich ist das Erbgut von Schimpansen zu 99 Prozent identisch mit dem unseren. Sie sind intelligent, sie haben Gefühle und sie können Werkzeuge benutzen.

Die Menschenaffen – Gorillas, Schimpansen, Gibbons und Orang-Utans – nennt man auch Primaten. Die Gorillas sind die größten unter den Primaten. Gorillas sind ruhige, sanfte und intelligente Wesen, die in engen Familienbeziehungen leben.

Berggorillas leben in Gruppen aus meist einem erwachsenen Männchen, ein oder zwei halbwüchsigen Männchen, zwei bis vier erwachsenen Weibchen und zwei bis fünf Jungtieren. Auf der Suche nach Nahrung ziehen sie gemächlich durch die Wälder.

Ein ausgewachsenes Gorillamännchen kann bis zu 270 kg schwer werden.

Das Leben der Berggorillas ist recht ruhig. Nur gelegentlich muss der Anführer junge Eindringlinge verjagen.

Koko kennt mehr als 1.000 Zeichen für Wörter, sie versteht über 2.000 gesprochene Wörter.

Schimpansen leben in ganz unterschiedlichen Gruppen zusammen. Manchmal sind es nur Männchen, manchmal Weibchen mit ihren Jungen, manchmal sind die Gruppen gemischt. Revierkämpfe mit benachbarten Gruppen kommen häufig vor. Die Reviergröße hängt natürlich von der Gruppengröße ab. Schimpansen leben tief im Urwald oder auch im offenen Grasland. Die Schimpansen sind uns Menschen besonders ähnlich: in ihrer Mimik und auch in der Art, wie sie spielen, Probleme lösen und Werkzeuge herstellen oder benutzen.
Affen können nicht sprechen, aber sie können unsere Sprache verstehen. Einige haben sogar eine Zeichensprache gelernt. Der berühmte Gorilla Koko benutzt sie schon seit 25 Jahren. Koko und die Schimpansin Lana haben auch eigene Wörter „erfunden". Lana nennt eine Ente „Wasser-Vogel", und Koko sagt zu einem Ring „Finger-Armband".
Im April 1998 nahm Koko an einer Unterhaltung im Internet teil. Eine Betreuerin übersetzte Kokos Zeichensprache. Die 45 Minuten lange Unterhaltung wurde auf Video aufgezeichnet.
Durch den Gebrauch der Zeichensprache konnten wir viel über die Affen lernen. Wir dachten lange, dass die Tiere keine Gefühle haben, weil sie diese nicht ausdrücken können. Heute wissen wir, dass das ein Irrtum war.

Schimpansen sind die intelligentesten Tiere der Erde.

Orang-Utans leben hoch in den Bäumen. Sie ernähren sich von Früchten, jungen Trieben und Insekten.

Berggorillas ernähren sich von Pflanzen. Das Revier einer Gorillafamilie kann 10 bis 40 km² groß sein.

Affenrechte

Im Jahre 1993 wurde die „Declaration on Great Apes" verabschiedet. Diese Erklärung stellt die Affen den Menschen in einigen Bereichen gleich. So dürfen Affen nur in Notfällen, etwa um das eigene Leben zu schützen, getötet werden. Die Menschen sollen die Freiheit der Affen respektieren und sie nicht unnötig einsperren. Außerdem ist es verboten, Affen zu quälen. Man hofft, dass durch diese Erklärung das Leben der Affen besser geschützt und geachtet wird.

Kluge Schimpansen

Vor einigen Jahren bewiesen Wissenschaftler der Pennsylvania-Universität in Philadelphia, dass Affen ein Verständnis für Zahlen haben. Sie konnten völlig unterschiedliche Dinge richtig zuordnen, deren einziges gemeinsames Merkmal eine mathematische Ähnlichkeit war. Sarah Boyson von der Ohio-State-Universität machte die gleichen Beobachtungen an ihren Schimpansen.

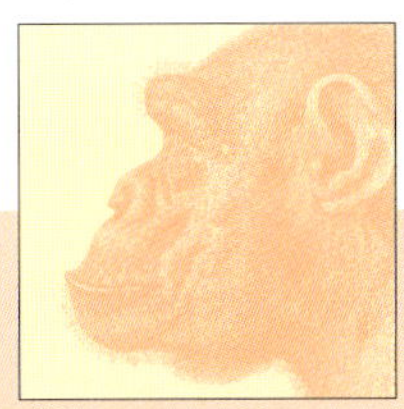

KINDERLIEBE

Am 16. August 1996 fiel ein dreijähriger Junge 5,5 m tief in das Gorillagehege im Brookfield-Zoo in Jersey. Alle sechs Gorillas rannten herbei, um dem Kind zu helfen. Das Weibchen Binti Jua (Suaheli für „Tochter der Sonne") mit ihrem eigenen, 17 Monate alten Jungen war zuerst zur Stelle. Sie hob den Jungen vorsichtig auf und hielt ihn eine Weile auf dem Schoß. Dann legte sie ihn an der Tür des Geheges ab, sodass die Wärter ihn holen konnten. Binti ist die Nichte des berühmten Gorillaweibchens Koko. Binti wurde im Alter von nur drei Monaten von ihrer Mutter weggenommen und in den Zoo von San Francisco gebracht.

Feste

Wir Menschen feiern bestimmte Feste, die jedes Jahr wiederkehren. Neujahr, Geburtstage und Jubiläen wichtiger Ereignisse gehören dazu. Aus der Bibel wissen wir, dass die Menschen schon vor 4.000 Jahren Geburtstag feierten.

Entwicklung

Zu Beginn des 20. Jahrhunderts untersuchten Forscher, wie sich die Menschheit entwickelt hatte. Sie verglichen die Schädelformen von Menschen ihrer Zeit mit versteinerten Schädeln unserer Vorfahren. Sie vermuteten, dass wir Menschen von affenähnlichen Urahnen abstammen, die viel kleiner waren, längere Arme und ein dichtes Fell besaßen. Neue Forschungen haben gezeigt, dass es schon vor etwa vier Millionen Jahren menschenähnliche Wesen gab, die auf zwei Beinen gingen.

Religion und Glaube

Seit jeher suchen die Menschen nach Erklärungen für wichtige Ereignisse in ihrem Leben. Die verschiedenen Religionen versuchen Antworten auf diese Fragen zu geben und Dinge zu erklären, die wir bis heute nicht verstehen. Es gibt viele Religionen auf der Welt. Die Anhänger mancher Religionen glauben an viele Götter, die anderer nur an einen. Die wichtigsten Religionen unserer Zeit sind der Islam, das Christentum, der Hinduismus, der Buddhismus und das Judentum.

Menschen

Wir Menschen sind eine der jüngsten Arten auf diesem Planeten, und dennoch sind wir die erfolgreichste und die herrschende lebende Art. Wir sind die einzigen Primaten, die eine Sprache und eine hoch entwickelte Technologie besitzen. Wir haben einen unstillbaren Wissensdurst, darum wächst unser Verständnis der Welt und des Universums mit jedem Tag.

Wir Menschen haben uns von allen Primaten am stärksten vermehrt. Innerhalb der letzten 300 Jahre ist unsere Bevölkerung von einer Milliarde auf fast sechs Milliarden Menschen gewachsen. Für unsere Entwicklung waren zwei Dinge wichtig: unsere Intelligenz und der den Fingern gegenüberliegende Daumen. Wir sind in der Lage, Werkzeuge herzustellen und zu benutzen. Außerdem konnten wir durch die Fähigkeit, zu lesen und zu schreiben, umfassende Verständigungssysteme entwickeln. Um den heutigen Wissensstand zu erreichen, haben wir Menschen vier Millionen Jahre gebraucht. Mehr als alle anderen Tiere sind wir Menschen kreativ. Wir möchten ausdrücken, was wir fühlen und erleben. Wir haben Werkzeuge und Ideen entwickelt, mit denen wir uns das Leben erleichtern und für unser Vergnügen

Die meisten Primaten haben ein großes Gehirn und sind sehr intelligent.

sorgen können. Jeder hat ganz spezielle Neigungen und Fähigkeiten, darum gibt es Politiker, Philosophen und Denker, Sportler, Seeleute und Bergsteiger. Menschen haben Gefühle, und sie haben Möglichkeiten, ihre Stimmungen auszudrücken: von tiefer Trauer bis zu übersprudelnder Freude. Auch die

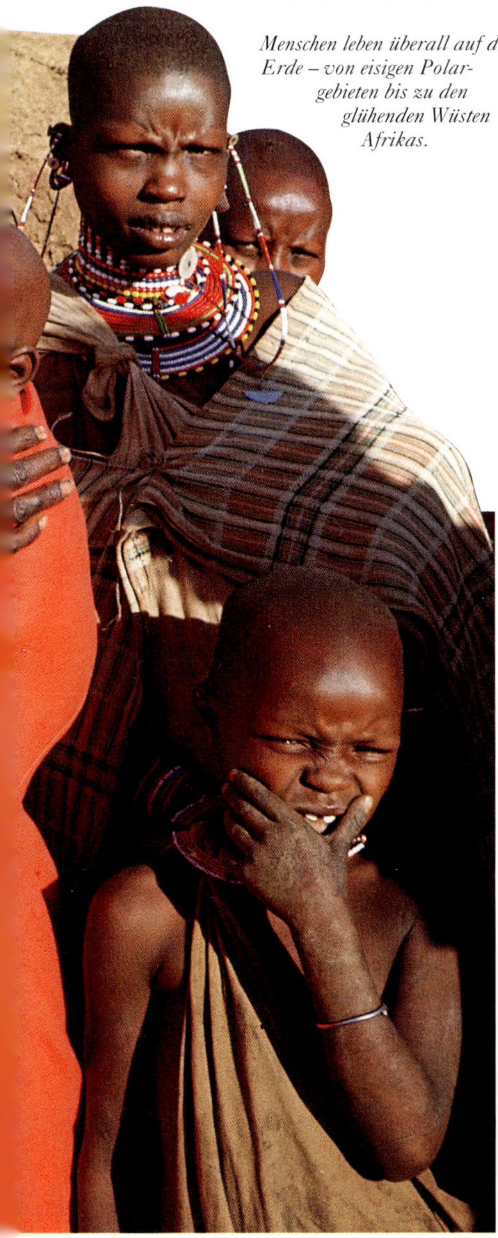

Menschen leben überall auf der Erde – von eisigen Polargebieten bis zu den glühenden Wüsten Afrikas.

Fähigkeit, Mitleid zu empfinden, gehört zu den menschlichen Eigenschaften. Aber wir sind auch zerstörerischer als alle anderen

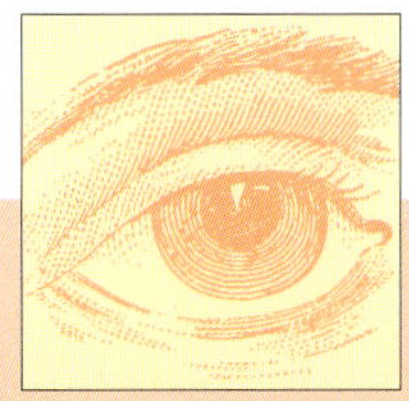

MUTTER TERESA

Es gibt viele bemerkenswerte Menschen, die ihr Leben in den Dienst anderer gestellt haben. Mutter Teresa gehört zu ihnen. Sie wurde als Agnes Gonxha Bojaxhiu in einem Dorf in Albanien geboren und schloss sich 1929 dem katholischen Orden der Loretoschwestern an. Sie wurde als „Mutter Teresa" durch ihre unermüdliche Arbeit für die Armen und Kranken der Erde berühmt. Der Dalai Lama nannte sie „die Verkörperung der Kraft der Liebe, deren Mitgefühl ein Beispiel für die geistige Stärke des Menschen sei". 1979 erhielt Mutter Teresa den Friedensnobelpreis, 1997 starb sie.

Alle Menschen gehören einer Art an, die man „Homo sapiens" nennt.

Erdbewohner. Streit und Krieg gehören zu unserem Alltag. Oft fällt es uns schwer, uns mit unseren Mitmenschen zu verständigen und zu vertragen. Mit den Tieren gehen wir auch nicht besser um. Statt sie mit Respekt zu behandeln, wollen wir sie oft beherrschen.

Der menschliche Körper ist ein kompliziertes Gebilde aus mehr als 50 Milliarden lebenden Zellen.

Mensch und Wissenschaft

Wir stellen ständig Fragen über unsere Welt: wie Dinge entstehen, warum sich Dinge so und nicht anders ereignen, woher Dinge kommen und wozu sie dienen. Durch all diese Fragen haben wir viel über unsere Welt und ihre Entwicklung herausgefunden. Wir wissen, welches die kleinsten Teile sind, aus denen alle Materie besteht. Wir können unsere Häuser mit elektrischer Energie beleuchten, wir können Krankheiten heilen und Maschinen bauen, die uns die Arbeit erleichtern. Zu den größten Ereignissen in der Geschichte der Menschheit gehören die Raumflüge. 1969 betrat Neil Armstrong als erster Mensch den Mond.

Hirsche

Hirsche und Rehe sind Tiere voller Widersprüche: sanft, sensibel und graziös, aber auch sehr eigenwillig. Sie haben die erstaunliche Gabe, bei Gefahr völlig still zu stehen. So sind sie in ihrer natürlichen Umgebung fast nicht zu sehen. Es gibt viele Geschichten von Hirschen, die einen Jäger in den Wald lockten und dann urplötzlich verschwunden waren.

Es gibt etwa 36 verschiedene Hirscharten, sie leben auf allen Kontinenten der Erde. Die einzelnen Arten haben sich an das Klima ihrer Heimat angepasst, ob tropisch oder polar.
Das auffälligste Merkmal der Hirsche ist das Geweih, das jedoch nur die männlichen Tiere tragen. Das Geweih kann wachsen, weil es mit einem feinen, samtartigen Fell

Karibus sind wie alle Hirsche Pflanzenfresser. Sie ernähren sich von Blättern, Flechten und frischen Trieben.

bedeckt ist, durch das Blut fließt. Einmal im Jahr kämpfen die Hirsche mit ihren Geweihen um die Weibchen. Während dieser Zeit, die Brunft genannt wird, hört man die Hirsche laut röhren. Im Frühling wirft ein Hirsch sein Geweih ab, aber bis zur nächsten Brunftzeit wächst es nach.
Hirsch- und Rehwild wird seit Jahrhunderten gejagt, darum hat es viele Überlebenstechniken gelernt. Das Sikawild plustert bei Gefahr den weißen Fellfleck an seinem Hinterteil auf,

Wintermantel

Unsere Winteranoraks sind oft mit einer watteartigen, weichen Füllung gefüttert. Wärme kann sich in stehender Luft nur langsam bewegen, darum kann die Körperwärme nicht entweichen und wir bleiben schön warm. Das Winterfell ist ähnlich konstruiert. Jedes Haar ist hohl, wie eine einseitig verschlossene Röhre. In den Haaren entsteht ein Luftpolster, das im Winter den Hirsch wärmt. Muss ein Hirsch einmal schwimmen, wirkt das Fell wie eine Schwimmweste.

Nimrod

Vor tausenden von Jahren lebte in Mesopotamien der König Nimrod mit seinen Zwillingssöhnen. Eines Tages begegnete den Söhnen ein wunderschönes Reh. Die beiden jagten das Reh zwei Tage lang, bis es schließlich in einen See sprang und verschwand. Aus Trauer errichteten die Söhne Nimrods einen Tempel am Seeufer und lebten dort fünf Jahre lang.

Rentiere

Rentiere sind in den weiten Gebieten der Tundra zu Hause, wo ein raues, hartes Klima herrscht. Eine Besonderheit der Rentiere ist eine lockere Sehne, die beim Gehen über das Knöchelgelenk schnellt. Dabei entsteht ein klickendes Geräusch. Rentiere sind die einzigen Rehe, bei denen auch die Weibchen ein Geweih tragen. Das Geweih beginnt schon im Alter von drei Wochen zu wachsen.

Rotwild ist sehr scheu. Die Tiere leben in kleinen Gruppen, größere Herden kommen nur selten vor.

Das Chinesische Wasserreh ist die einzige Hirschart, die kein Geweih trägt.

um andere Tiere zu warnen. Das Damwild trägt ein Sommerfell mit hellen Flecken, das ihm zwischen Blättern und Zweigen eine perfekte Tarnung gibt.
Hirsche haben ein hervorragendes Gehör. Sie müssen nicht den Kopf bewegen, sondern nur die Stellung der Ohren verändern. So wissen

Der Elch ist der größte Hirsch der Erde.

sie stets, aus welcher Richtung ein Geräusch kommt und wohin sie notfalls fliehen können. Dieses empfindliche Gehör ist für Rehe überlebenswichtig.
Moschushirsche haben spezielle Drüsen an ihrem Bauch, in denen zur Brunftzeit der Duftstoff Moschus gebildet wird. Dieser Duftstoff wird in der Parfümindustrie verwendet, darum wurden Moschushirsche lange Zeit schonungslos gejagt.
Pampashirsche haben ähnliche Drüsen an ihren Hufen. Sie sondern einen starken, knoblauchähnlichen Geruch ab, den man schon aus 1,5 km Entfernung riechen kann.

Der lange Zug

In Alaska und im Norden Kanadas nennt man die Rentiere Karibu. Sie legen von allen Säugetieren die längsten Wanderungen zurück. Die Jungen werden im Sommer hoch im Norden geboren, in der arktischen Tundra. Im Herbst wandern die bis zu 20.000 Tiere starken Herden nach Süden, bis an die 1.125 km entfernte Grenze des Waldlandes. Wenn der Sommer kommt, ziehen die Tiere wieder nach Norden.

DAS FELL DER KITZE

Als das allererste Rehkitz geboren wurde, war seine Mutter sehr besorgt. Überall im Schatten des Waldes wohnten Raubtiere, die es auf die Kleinen und Schwachen abgesehen hatten. So betete sie zum Großen Schöpfer, dass er ihr Junges mit den wackligen Beinen beschützen sollte. Der Schöpfer kam und nahm sich ihrer Sorgen an. Er gab dem Kitz ein feines, weiches Fell und malte darauf Tupfen in den Farben von brauner Erde und schwarzer Kohle, dazu etwas Weiß, Gelb und Rot. „Solange das Kitz dieses Fell trägt", sagte er, „muss es nur still liegen, um unsichtbar zu sein." Seitdem kann man ein Rehkitz, das still im Unterholz liegt, nicht mehr sehen.

Der König von Benares

Eine alte indische Geschichte handelt von zwei Hirschrudeln, die im königlichen Park lebten, angeführt von den Hirschen Branch und Banyan. Jeden Tag kam der König von Benares in den Park und tötete viele Rehe. Die Hirsche beschlossen, jeden Tag zu losen, wer als Nächster zu sterben an der Reihe wäre. Eines Tages fiel das Los auf eine Ricke, die ein Junges erwartete. Banyan erbot sich großzügig, an ihrer Stelle zu sterben. Als der König von Benares davon hörte, war er so gerührt, dass er nie wieder ein Reh jagte.

Hasen und Kaninchen

Hasen und Kaninchen sind Verwandte. Kaninchen wurden gezähmt und zu Haustieren gemacht, Hasen dagegen sind immer wild geblieben. Beide Arten haben sehr lange Hinterbeine, mit denen sie schnell laufen können. Ihre Nagezähne wachsen während ihres ganzen Lebens nach. Weil Hasen und Kaninchen in der Dämmerung und bei Mondschein herauskommen, bringt man sie oft mit dem Mond in Verbindung.

Hasen und Kaninchen unterscheiden sich äußerlich stark. Ein Hase kann 50–60 cm lang werden, das kleinere Kaninchen dagegen nur etwa 40 cm. Außerdem haben Hasen viel längere Ohren und kräftigere Hinterbeine.
Der größte Teil der Körperwärme entweicht bei Hasen und Kaninchen über die Ohren. Darum ist je nach Lebensraum die Größe der Ohren auch ganz unterschiedlich.

Wenn es geschneit hat und die Kaninchen kein Gras finden, fressen sie auch Rinde.

Die Hasen in der Wüste Arizonas haben beispielsweise große Ohren, die ihnen Kühlung verschaffen. Schneehasen dagegen haben eher kleine Ohren.
Kaninchen leben fast überall, wo sie ihre Bauten unter der Erde graben können. In einem Bau wohnen bis zu 30 Kaninchen in einem Familienverband. Junge Kaninchen werden blind, taub und nackt geboren. Nach 10 Tagen können die Jungen sehen, nach 18 Tagen kom-

Der Rat der Hasen

Die Hasen hatten Angst. Sie waren umgeben von Feinden – Menschen, Hunden, Raubvögeln und anderen. Sie hielten Rat und beschlossen nach langem Reden, dass sie sich alle umbringen wollten. Die Hasen rannten auf einen nahe gelegenen Teich zu, um sich zu ertränken. Dabei erschreckten sie die Frösche, die ins Wasser sprangen. Vor lauter Freude, dass sie ein Tier gefunden hatten, das sich vor ihnen fürchtete, fanden die Hasen ihren Lebensmut wieder.

Hasenmärchen

In den Volksmärchen Westafrikas gilt der Hase als Mogler und Betrüger. Auch bei Prärieindianern hatte er keinen guten Ruf. Noch heute rankt sich viel Aberglaube um den Hasen. Es soll Unglück bringen, wenn man ihm begegnet. Und wenn er auch noch quer über den Weg hoppelt, sollte man besser gleich wieder umkehren.

Die Schneeschuhe

Der Schneehase hat im Winter dicke Fellbüschel an den Beinen. Sie verhindern, dass er im Schnee einsinkt. Wie kam er zu den Schneeschuhen? Als die Welt noch neu war, kämpfte der mächtige Jäger Michabou gegen den Geist des Bären um die Herrschaft über den Norden. Der Hase half dem Bären: Er stahl Michabou die Schneeschuhe, als dieser schlief. Als Michabou erwachte, versank er im tiefen Schnee und konnte nicht weitergehen. Müde gab er schließlich den Kampf auf. Der Hase aber durfte die Schneeschuhe als Belohnung behalten.

men sie schon zum Spielen aus dem Bau. Kaninchen sind sehr wachsam und schreckhaft, sie erschrecken manchmal sogar über ihren eigenen Schatten. Mit ihren großen Ohren können sie auch leiseste Geräusche einfangen.

Kaninchen trommeln mit den Hinterläufen auf die Erde, um Alarm zu schlagen.

Hasen sind Einzelgänger. die meist in offenem Gelände leben. Sie graben keine Bauten, sondern ducken sich in Mulden, die sie im hohen Gras scharren.
Kaninchen und Hasen haben einen sehr guten Schutzinstinkt. Wenn ein Schatten vorbeizieht, bleiben sie ganz still sitzen. So kann auch das Auge eines Raubvogels sie kaum erspähen.
Beide Arten können aber auch schnell flüchten. Weil sie im Zickzack laufen

Manche Kaninchen bekommen bis zu 30 Junge in einem Jahr.

Osterhase

Die hasenköpfige Ostara war die heidnische Göttin des Frühlings. Ihr Lieblingstier war natürlich der Hase, darum bringt man ihn noch heute mit dem ersten Fest des Frühlings in Verbindung. Dass aber der Hase die Ostereier legen soll, hat vermutlich eine andere Geschichte. Wahrscheinlich hängt diese mit dem Regenpfeifer zusammen, der seine Eier in leere Hasenmulden legt.

KANINCHENPLAGE

Im Jahre 1850 nahmen britische Siedler sechs Kaninchen mit nach Australien. Die Kaninchen bekamen Junge und sie vermehrten sich explosionsartig, weil sie in ihrer neuen Heimat keine natürlichen Feinde hatten. Bis zum Ende des vorigen Jahrhunderts hatten die Kaninchen das Bild Australiens völlig verändert: Sie hatten fast alle Sträucher und Grasflächen kahl gefressen. Die Bauern errichteten Zäune, aber es waren so viele Kaninchen, dass sie auf die Rücken von anderen klettern konnten, um hinüberzugelangen. 1950 rotteten die Australier die Kaninchen mit der tödlichen Seuche Myxomatose fast aus, damit wieder Gras wachsen konnte.

und Haken schlagen, sind sie sehr schwierig zu fangen. Ein Hase kann bis zu 70 km/h schnell laufen.

Der Polarhase hat ein weißes Tarnfell, der Schneehase verändert seins im Winter.

Hasen und Kaninchen kommen bei Einbruch der Dämmerung aus ihren Verstecken. Bis zum Einbruch der Nacht tollen sie herum.

Hasen und Hexen

Im Mittelalter glaubte man, dass Hexen sich in Hasen verwandeln können. Fand man einen verletzten Hasen, so dauerte es nicht lange, bis man eine Hexe mit einer ähnlichen Verletzung fand. Im Jahre 1662 soll eine wegen Hexerei angeklagte Frau während ihres Prozesses ausgerufen haben: „Als Hase werde ich gehen, mit aller Sorge und Furcht. Doch in Teufels Namen werde ich wieder zurückkommen."

Ratten

Blindenhilfe

Im Jahre 1924 entdeckte ein Bergmann zwei Ratten, die hintereinander herliefen. Jede hielt ein Ende eines Strohhalmes in ihrem Maul. Er beobachtete die Tiere eine Zeit lang. Dann erkannte er, dass das hintere Tier blind war und von dem vorderen geführt wurde. Ein Naturwissenschaftler beobachtete eine Ratte, die, den Schwanz einer anderen im Maul haltend, hinter dieser herlief. Er fand heraus, dass das Tier auf beiden Augen blind war.

Ratten werden noch heute als Feinde der Menschheit angesehen. Sie sind so verhasst, weil sie häufig Krankheiten übertragen. Im 14. Jahrhundert starben in Europa 25 Millionen Menschen – das ist ein Viertel der Bevölkerung – an der Pest. Ratten, die in Schiffsladeräumen vom Schwarzen Meer nach Genua gekommen waren, hatten die Krankheit eingeschleppt.

Es gibt mehr als 50 verschiedene Rattenarten, die an den unterschiedlichsten Orten zu finden sind: von Feuchtgebieten bis zu Wüsten. Die meisten Ratten graben Bauten, aber einige leben auch in Gebäuden oder auf Bäumen. Ratten fressen fast alles, und sie können beinahe alle Materialien durchbeißen, um sich einen Weg zu bahnen. Sie ernähren sich von Vogeleiern, Abfällen, Stoff, toten Tieren und Getreide. In einem Versuch im Gesundheitsamt von Savannah (USA) bissen sich Ratten durch eine 5 cm dicke Schicht Glasfiber und eine 1 1/4 cm dicke Schicht Aluminium.

Die Nagezähne von Ratten werden niemals stumpf.

Ratten haben einen starken Familiensinn. Weibliche Ratten „adoptieren" fast jedes Jungtier, wenn man sie lässt. Experimente haben gezeigt, dass Rattenweibchen junge Mäuse, Kaninchen, Katzen und sogar Küken annehmen.

Wenn eine Ratte entspannt ist, fletscht sie die Zähne.

In der Gemeinschaft einer Gruppe fühlen sich Ratten am wohlsten. Sie sind fast so lernfähig wie Hunde: Sie fallen nur selten zweimal auf den gleichen Trick herein. Auch genetisch sind Ratten sehr anpassungsfähig.

Ratten in Getreidespeichern können große Schäden anrichten.

Mäuse

Mäuse gehören, genau wie die Ratten, zu den Nagetieren. Sie haben keine Eckzähne, sondern eine große Lücke zwischen Nagezähnen und Mahlzähnen. So können sie die Nagezähne zum Beißen, Knabbern und zum Tragen verwenden. Diese beiden Zähne wachsen ständig nach.

Die Feldmaus ist so leicht, dass sie an einem Getreidehalm hochklettern kann, ohne ihn umzuknicken.

Obwohl Mäuse ebenso anpassungsfähig sind wie Ratten, verhalten sie sich vorsichtiger. Eine Maus prüft mit ihren Tasthaaren die Weite einer Öffnung, ehe sie sich hindurchzwängt. Mäuse sind ständig auf der Hut, sie huschen von einem Versteck zum anderen. Können sie aber einem Feind nicht mehr ausweichen, sind sie – trotz ihrer Größe – erstaunlich mutig.
Mäuse vermehren sich ebenso schnell wie Ratten. Mit 10 bis 12 Wochen sind sie geschlechtsreif. Eine einzige Maus kann in einem Jahr 30 bis 40 Junge haben. Wenn diese alle überleben und selbst Junge bekommen, dann kann ein einziges Mäusepaar in zwei Jahren bis zu eine Million Nachkommen haben.
Mäuse und Ratten mögen an schmutzigen Plätzen leben, aber sie halten sich selbst sehr sauber. Sogar wenn sie auf der Jagd sind, machen sie regelmäßig Pausen, um ihr Fell zu putzen. Mäuse legen auch einen Nahrungsvorrat für den Winter an.
Die Hausmaus ist etwa 10 cm lang, ihr Schwanz hat eine Länge von 11 cm. Man findet sie in Häusern, Scheunen und an ähnlichen Orten. Die winzige Feldmaus wird nur ca. 6 cm lang.
Haselmäuse finden in einer Handfläche Platz. Sie leben in Hecken und Gebüsch. Weil sie aber nur in der Dunkelheit herauskommen, bekommt man sie selten zu Gesicht.

Eine Maus und eine Giraffe haben gleich viele Halswirbel – sieben.

Weiße Mäuse sind gezähmte Verwandte der wilden Mäuse.

Starke Mäuse

Unser Wort „Muskel“ stammt von dem lateinischen Wort *musculus*, das „Mäuschen“ bedeutet. Wenn du den Arm mit der Handfläche nach oben gerade ausstreckst, eine feste Faust machst und dann den Arm langsam beugst, zeichnet sich unter der Haut an deinem Oberarm der Bizepsmuskel in der Form einer kleinen Maus ab.

SUPERMAUS

H. C. Hahn, ein Biologe aus Texas, kennt eine Geschichte über eine mutige Maus. Als er einmal in der Wildnis zeltete, beobachtete er eine Schlange, die mit einer Feldmaus im Maul auf einen Baum kroch. Während er zusah, lief plötzlich eine zweite Maus den Baumstamm hoch, sprang der Schlange auf den Rücken und biss sich in ihrem Nacken fest. Die Schlange konnte sich nicht sofort verteidigen, weil sie die erste Maus noch im Maul hielt. Sie ließ also ihre Beute los. Kaum sah das die zweite Maus, da sprang sie vom Rücken der Schlange und lief mit der befreiten Maus davon. Die Schlange hatte das Nachsehen.

Ameisen und Termiten

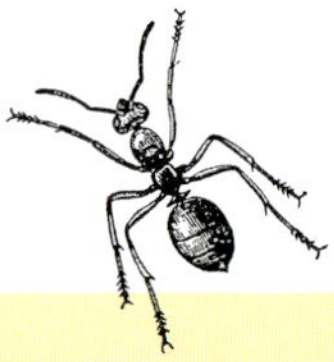

Bodyguards

Die Raupen einiger Schmetterlingsarten werden oft von schwarzen Ameisen „bewacht“. Jeden Morgen kommen die Ameisen aus ihren unterirdischen Nestern und laufen auf die Akazien, deren Blätter die Raupen fressen. Mit ihren starken Kiefern vertreiben die Ameisen Eindringlinge. Als Gegenleistung dürfen sie von dem klebrig süßen Sekret saugen, das die Raupen absondern.

Im Kreis herum

Wenn ein Ameisenvolk angreift oder wandert, werden manchmal die am Rand marschierenden Tiere von den übrigen abgeschnitten. Dann verlieren sie ihre Orientierung und beginnen im Kreis zu laufen. Manchmal laufen hunderte oder tausende von Ameisen so lange im Kreis, bis sie sterben.

Ameisen und Termiten leben in großen Völkern zusammen. In einem Nest können mehrere tausend Tiere wohnen. Das Wohlergehen des Volkes ist wichtiger als das Wohlergehen des einzelnen Tieres. Ameisen und Termiten arbeiten hart. Jedes einzelne Tier hat in der Gemeinschaft eine bestimmte Aufgabe. Durch Zusammenarbeit und Fleiß funktioniert das Zusammenleben in der Gemeinschaft perfekt.

Drei Arten von Ameisen leben in den großen Kolonien: Männchen, unfruchtbare Arbeiterinnen und fruchtbare Weibchen (Königinnen genannt). Männliche Ameisen haben Flügel und kurze Fühler. Ihre einzige Aufgabe ist es, sich mit der Königin zu paaren. Haben sie dies erfüllt, sterben sie. Königinnen arbeiten nicht, sie legen Eier. Die meisten Arbeiterinnen machen niemals eine Pause. Sie sammeln Material für den Nestbau und Nahrung für die gesamte Gemeinschaft.
Ameisen können das Mehrfache ihres eigenen Gewichtes tragen. Ist ein Teilchen doch zu schwer, ziehen sie es hinter sich her, oder sie holen andere Ameisen zu Hilfe.

Waldameisen bauen Hügelnester, die bis 1,50 m hoch werden können.

Es gibt mindestens 10 Billionen Ameisen auf der Erde.

Liegt ein Hindernis in ihrem Weg, so steigen sie darüber oder umgehen es. Manchmal nehmen sie das Hindernis auch einfach mit. Manche Ameisenarten halten Sklaven, die für sie arbeiten. Sie rauben Puppen aus den Nestern anderer Ameisenarten. Wenn die jungen

Blattschneiderameisen tragen kleine Stücke von Blättern in den Bau. Darauf „züchten“ sie Pilze, von denen sie sich ernähren.

Die Kammer, in der die Königin lebt und Eier legt, liegt in der Mitte des Baus.

Ameisen schlüpfen, müssen sie als Sklaven arbeiten.
Manche Ameisen halten auch ihr eigenes „Vieh" – winzige Blattläuse, die einen klebrigen Stoff, den Honigtau, absondern. Die Ameisen ernähren sich von diesem Honigtau. Im Herbst sammeln die Ameisen Eier der Blattläuse und bewachen sie, bis im Frühling die Läuse schlüpfen. Dann setzen die Ameisen die jungen Blattläuse auf frische Pflanzen. Die Blattläuse können nun Pflanzensaft saugen und Honigtau produzieren.

Wenn die Pflanzen zu verwelken beginnen, tragen die Ameisen die Läuse zu anderen Pflanzen.
Termiten sind etwa so groß wie Reiskörner, unfruchtbar und fast blind. Wie die Ameisen leben sie in großen Gemeinschaften. Ihre Königin legt am Tag bis zu 36.000 Eier. Wenn das Volk groß genug ist, bringt die Königin geflügelte Männchen und Weibchen zur Welt. Diese fliegen aus dem Nest und gründen neue Völker.
Termiten bauen steile, hohe Hügelnester. Diese Bauten bestehen aus Erde, die mit Speichel verklebt ist. Im Inneren gibt es viele Etagen mit Kammern, Galerien und Durchgängen, sogar Belüftung und Abwassersystem sind vorhanden. In manchen Gebieten Afrikas und Australiens hat man Termitenbauten von 6 m Höhe und 3 m Durchmesser gefunden. In einem solchen Bau leben etwa drei Millionen Termiten.

Es gibt etwa 2.000 verschiedene Termitenarten auf der Welt.

Welche Richtung?

Der Zoologe Dr. Felix Santschi hat bewiesen, dass sich Ameisen mithilfe des Sonnenstandes orientieren. Er deckte frei herumlaufende Ameisen mit einem Kasten ab, der kein Licht durchließ. In unregelmäßigen Abständen hob er den Kasten an und setzte ihn wieder ab. Immer, wenn er den Kasten anhob, konnte er beobachten, dass die Ameisen in eine andere Richtung liefen. Die Änderung der Richtung entsprach der Änderung des Sonnenstandes während der Zeit, in der die Ameisen abgedeckt waren.

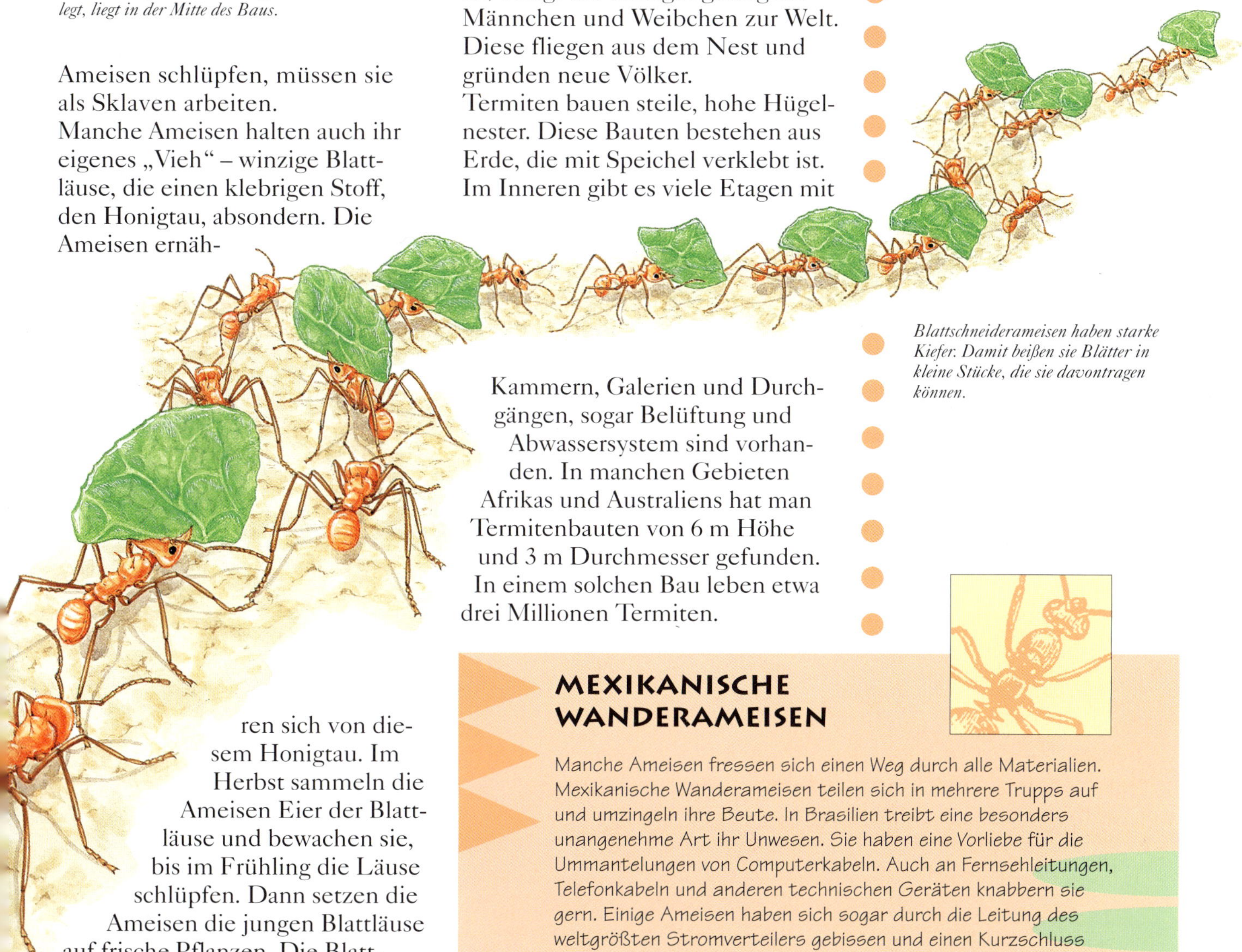

Blattschneiderameisen haben starke Kiefer. Damit beißen sie Blätter in kleine Stücke, die sie davontragen können.

MEXIKANISCHE WANDERAMEISEN

Manche Ameisen fressen sich einen Weg durch alle Materialien. Mexikanische Wanderameisen teilen sich in mehrere Trupps auf und umzingeln ihre Beute. In Brasilien treibt eine besonders unangenehme Art ihr Unwesen. Sie haben eine Vorliebe für die Ummantelungen von Computerkabeln. Auch an Fernsehleitungen, Telefonkabeln und anderen technischen Geräten knabbern sie gern. Einige Ameisen haben sich sogar durch die Leitung des weltgrößten Stromverteilers gebissen und einen Kurzschluss hervorgerufen. Also unbedingt auf Krümel in Computernähe achten – sie könnten Ameisen anlocken.

Scharfe Sinne

Tiere können unsere Körpersprache wahrscheinlich viel besser verstehen als wir die ihre. Die Entwicklung und der Gebrauch der Sinne ist bei den einzelnen Arten sehr unterschiedlich. Sicher ist aber, dass die meisten Tiere viel besser sehen, hören, riechen, schmecken und tasten können als wir Menschen.

Durch die spitze Form der Wolfsnase kann besonders viel Luft um die Geruchssensoren in ihrem Inneren zirkulieren.

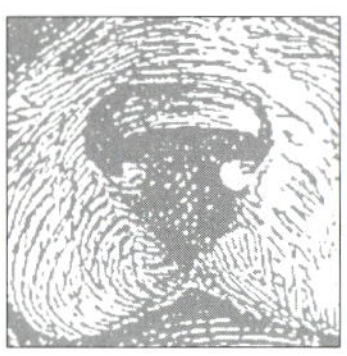

Riechen

Das Gewebe in der Nase enthält viele Geruchssensoren. Nervenstränge transportieren die Geruchsinformationen von der Nase zum Gehirn. Ein Wolf braucht alle seine Sinne zum Überleben. Auf der Jagd kommt es aber vor allem auf das Gehör und den Geruchssinn an. Der Geruchssinn eines Wolfes ist 100-mal schärfer als der eines Menschen.

Bei Schlangen sind Geruchs- und Geschmackssinn in einem Organ vereint.

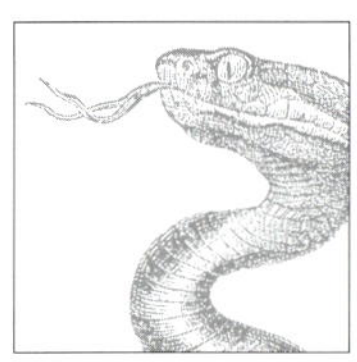

Schmecken

Auf deiner Zunge befinden sich Geschmacksknospen, die auf bestimmte Chemikalien reagieren. Diese Chemikalien werden beim Essen oder Atmen im Speichel gelöst. Du schmeckst dies dann als süß, salzig, bitter, sauer oder scharf. Schlangen schnellen ihre Zunge vor und „schmecken" die Luft. Dann pressen sie die Zunge gegen ihr Geruchsorgan, das in ihrem Gaumen liegt.

Sehen

Die Augen erkennen Muster im Licht. Diese Information senden sie an das Gehirn, das daraus „Bilder“ zusammensetzt. Scharfe Augen würden einem Fisch nicht viel nützen. Für einen Raubvogel dagegen ist es wichtig, aus großer Höhe ein Beutetier am Boden erkennen zu können. Die Augen eines Habichts haben fünfmal so viele lichtempfindliche Zellen wie die eines Menschen.

Fühlen

Die ganze Oberfläche des menschlichen Körpers ist mit Zellen bedeckt, die Berührung spüren können. Fische haben solche Zellen an den Seiten ihres Körpers. Mit ihnen spürt ein Fisch Bewegungen im Wasser, die von Pflanzen oder von anderen Fischen herrühren können. Manche Fische können sogar winzigste elektrische Ströme im Wasser spüren.

Grashüpfer können sehr hohe Töne mit den Rezeptoren am Ansatz ihrer Hinterbeine empfangen.

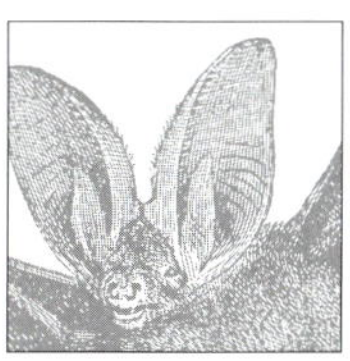

Hören

Zum Hören brauchen wir die Ohren. Die äußere Ohrmuschel fängt die Schallwellen auf und leitet sie weiter zum Trommelfell im Inneren des Ohres. Dort werden sie in Nervenimpulse umgewandelt, die ans Gehirn weitergegeben werden. Ein Grashüpfer hat das „Gehör“ an seinem Bauch – etwa da, wo die Hinterbeine ansetzen.

Haustiere

Viele Menschen kommen durch ein Haustier zum ersten Mal mit Tieren in Berührung. Dabei lernen sie, ein Tier mit Liebe und Respekt zu behandeln. Ein Haustier kann sehr anhänglich und treu sein, so manches Haustier hat schon sein Leben für „seinen“ Menschen geopfert. Als Gegenleistung sollten wir seine Bedürfnisse kennen lernen und ihm die Gesellschaft geben, die es auch in seiner natürlichen Familie oder Gruppe finden würde.

Geschichte der Haustiere

Seit mindestens 4.000 Jahren halten die Menschen Haustiere. Zuerst waren es gezähmte Raubtiere wie Löwen oder Hyänen. Die alten Ägypter liebten Katzen sehr. Wenn eine Katze starb, wurde sie als Mumie in einem eigenen Grab bestattet.

Sich jeden Tag um ein Pony zu kümmern, kann zwar harte Arbeit sein, aber auch sehr lohnen und viel Spaß machen.

Berühmte Haustiere

Viele berühmte Menschen waren Katzenfreunde. Charles Dickens, die Schwestern Brontë, Dr. Johnson und T. S. Elliot haben über ihre Haustiere geschrieben. Der Prophet Mohammed soll im 7. Jahrhundert den Ärmel seines Gewandes abgeschnitten haben, um seine schlafende Katze nicht zu wecken. Im 18. Jahrhundert plante die französische Königin Marie den Katzen von Paris die Bürgerrechte zu geben.

Spaß mit deinem Haustier

Wenn du die folgenden Regeln befolgst, wirst du das Vertrauen und die Freundschaft deines Haustieres gewinnen. Dann wirst du erleben, wie viel Spaß es macht, für ein anderes Wesen zu sorgen und es dabei sehr gut kennen zu lernen.

1. Schlage dein Tier nie – auch nicht zur Strafe.
2. Ärgere dein Tier nie und erlaube auch nicht, dass jemand anders es ärgert.
3. Nimm dir jeden Tag Zeit für dein Tier. Versuche seine Gewohnheiten und Bedürfnisse zu entdecken.
4. Erwarte keine „menschlichen“ Reaktionen.
5. Sorg dafür, dass sich dein Tier nicht langweilt oder einsam fühlt.

Ein Haustier besitzen

Ein Haustier ist kein Spielzeug. Es ist ein Lebewesen, das genau wie du Angst, Hunger oder Schmerzen empfinden kann. Ehe du ein Tier auswählst, erkundige dich genau, wie viel Platz es braucht und wie viel Zeit, Mühe und Geld seine Versorgung kostet.

- Denk daran, dass ein putziges Junges schnell viel größer wird.
- Finde heraus, welche Impfungen und Gesundheitszeugnisse nötig sein werden.
- Kaufe NIEMALS ein Tier unüberlegt. Verschenke auch kein Tier.

Hunde

Schaffe dir keinen Hund an, wenn er den ganzen Tag allein oder an der Kette sein muss. Hunde sind Rudeltiere. Sie brauchen Gesellschaft, Freundlichkeit, Bewegung – und einen geduldigen Anführer. Als Dank bekommt man von einem Hund Zuneigung und Treue. Wenn ein Hund richtig behandelt wird, kann er ein zuverlässiger Freund werden.

Katzen

Katzen sind als Haustiere sehr beliebt, weil sie sauber, zärtlich und intelligent sind. Sie genießen die Gesellschaft des Menschen, aber sie sind unabhängig. Geh mit einer Katze sanft um. Gib ihr einen warmen Platz zum Schlafen, einige Spielzeuge und – wenn sie nicht nach draußen gehen kann – eine Katzentoilette. Ärzte haben herausgefunden, dass es beruhigend wirkt, eine Katze zu streicheln.

Hamster

Hamster legen sich Futtervorräte an, und sie reißen gern aus. Wenn sie einmal entwischt sind, knabbern sie alles an, was ihnen vor die Zähne kommt. Hamster sind von Natur aus Nachttiere. Wenn du dein Tier tagsüber beobachten möchtest, ist ein Hamster nicht das richtige Haustier für dich. Hamster sind Einzelgänger. Weil sie sich im Käfig leicht langweilen, brauchen sie Spielzeug.

Meerschweinchen

Meerschweinchen sind sehr scheu, man muss sie deshalb sanft und behutsam behandeln. Man kann sie frei in der Wohnung laufen lassen. Weil man aber leicht über sie stolpert, ist es besser, sie wohnen in einem Käfig. Meerschweinchen sind gesellig. Sie benutzen elf verschiedene Laute zur Verständigung.

Springmäuse

Springmäuse solltest du nicht allein halten, sonst vereinsamen sie. Weil Springmäuse gern Höhlen graben, fühlen sie sich in einem tiefen Aquarium wohl, das zur Hälfte mit Torf und gehäckseltem Stroh gefüllt ist. Springmäuse können sehr hoch springen. Darum braucht der Käfig ein Dach aus Maschendraht.

Kaninchen

Hauskaninchen mit ihren langen Ohren sind sehr niedlich. Sie haben ein streichelweiches, seidiges Fell. Kaninchen brauchen einen sauberen, geräumigen Käfig. Im Sommer kann man ihn in den Garten stellen. Kaninchen laufen gern herum. Über einen großen Kaninchenauslauf sind sie sehr froh.

Mäuse

Mäuse lieben die Gesellschaft von Menschen. Sie sitzen gern auf der Hand und lassen sich streicheln. Mäuse brauchen jeden Tag frisches Futter und Wasser. Der Käfig und die Wasserflasche müssen einmal in der Woche gesäubert werden.

Ponys

Ein Pony zu pflegen, ist eine große Verantwortung. Man kann sich diese Aufgabe aber mit jemandem teilen. Ponys müssen in der Nacht im Stall stehen, am Tage werden sie auf die Weide gebracht. Ausmisten, Striegeln und Reiten gehören zu den täglichen Aufgaben eines Ponybesitzers.

Fische

Fische sind faszinierende Haustiere. Sie sind sauber und leise und sie benötigen nur sehr wenig Platz. Selbst in der kleinsten Wohnung findet sich ein Eckchen für ein Aquarium. Fische brauchen wenig Pflege, dafür hat man viele Stunden lang Freude daran, ihnen beim Herumschwimmen in ihrer Unterwasserwelt zuzusehen. Tropische Fische können in prächtigen Farben schillern.

Ratten

Zahme Ratten sind, genau wie ihre wilden Verwandten, sehr intelligent. Obendrein sind sie reinlich und anhänglich. Allerdings brauchen Ratten auch viel Aufmerksamkeit und Beschäftigung. Sie wünschen sich immer etwas, das sie erforschen können. Wenn man eine Ratte richtig behandelt, kann sie zum guten Freund und vergnüglichen Familienmitglied werden.

Trixie

Im Jahre 1991 erlitt der Australier Jack Fyfe in seinem Bett einen Schlaganfall. Er war gelähmt und konnte keine Hilfe holen. Schäferhündin Trixie hielt ihn neun Tage lang am Leben, indem sie ein Handtuch in ihren Wassernapf tauchte und dann ihrem Herrchen über das Gesicht legte, sodass dieser nicht verdursten musste. Als Herrn Fyfes Tochter die beiden fand, war die Hündin völlig abgemagert, weil sie die ganze Zeit nur für ihr Herrchen gesorgt hatte.

Lebensräume

Jedes Wesen braucht einen Platz zum Leben. Wilde Tiere sind in den Wäldern, Sümpfen, Wüsten, Flüssen und Meeren unseres Planeten zu Hause. In den verschiedenen Regionen der Erde herrschen unterschiedliche klimatische Bedingungen, die sich auf die Landschaft und die Tiere dort auswirken.

Tundra und Polargebiete

In jedem Sommer ziehen viele Tiere in die kalten Polarregionen mit ihrem sauerstoffreichen Wasser. Sie kommen, um in der Tundra, Gras zu fressen oder im Meer Fische zu fangen.

Wüsten

Beiderseits des Äquators umspannt ein Wüstengürtel die Erde. Hier gibt es nur sehr wenig oder gar kein Wasser. Am Tage ist es oft glühend heiß, in der Nacht kann die Temperatur unter den Gefrierpunkt fallen.

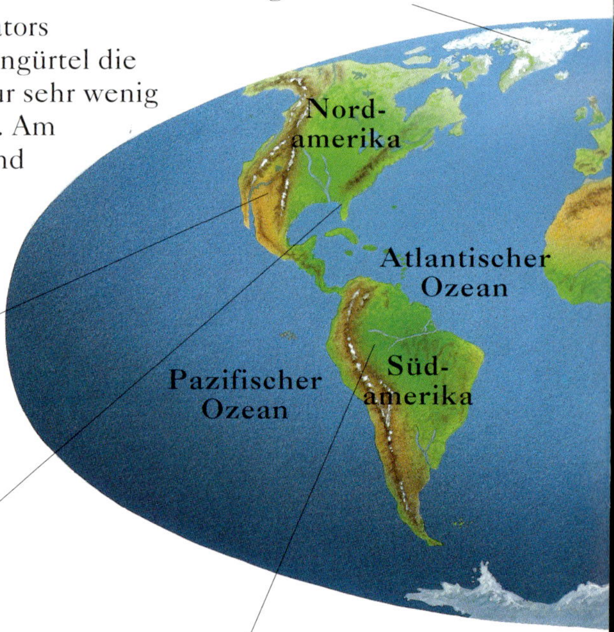

Feuchtgebiete

An den Ufern von Seen, Flüssen und Meeren bilden sich oft Gebiete, in denen der Boden stets feucht ist. Hier fühlen sich kleine Säugetiere, Krokodile, Vögel, Fische, Schlangen und Insekten wohl. An Meeresufern schaffen Ebbe und Flut Lebensräume, die einen ständigen Wechsel erleben.

Regenwälder

Tropische Regenwälder gibt es nur am Äquator, wo das Klima heiß und feucht ist. Hier leben viele unterschiedliche Tierarten: manche auf den hohen Bäumen, andere gut versteckt in Höhlen oder unter den großen Blättern der Pflanzen am Boden.

Laub- und Nadelwälder

In den Laub- und Nadelwäldern der Welt leben viele verschiedene Tierarten. Wenn wir weiterhin ihren Lebensraum vernichten, um Holz und Land zu gewinnen, finden diese Tiere keinen Ort zum Leben und keine Nahrung mehr.

Flüsse und Seen

Seen und Flüsse gibt es überall auf der Welt. In ihrem Süßwasser leben tausende unterschiedlicher Fische und andere Tierarten.

Gebirge

Auf jedem Kontinent finden sich Gebirge. An den unteren Hängen gibt es Wälder, in größeren Höhen Grasgebiete und Tundren. In den verschiedenen Höhenlagen leben vielerlei Tierarten.

Meere

Das Meer ist ein riesiges Ökosystem mit tiefen Tälern und hohen Bergen. Millionen von Tieren leben dort, manche kennen wir vielleicht noch gar nicht. Die Meere der Welt regulieren das Klima der anderen Lebensräume.

Grasland

Auf allen Kontinenten gibt es Grasgebiete. Dort ist es so trocken, dass Bäume nicht gedeihen würden. Samen, Blätter, Stiele und Wurzeln der Gräser sind Nahrung für viele Tiere.

Luft

Das Element Luft ist ein Symbol für die Gedankenvermittlung, für die Erweiterung des Geistes durch Musik, Gesang, Dichtung und Wahrheit. Dieses Element, in dem sich Vögel und Insekten fast schwerelos bewegen können, befreit unseren Geist und lässt uns Neues entdecken. Aus der Luft sieht die Welt mit all ihren Geschöpfen ganz anders aus, wir können ihre Schönheit und Einmaligkeit viel besser genießen. Lies die folgenden Seiten und lass deine Fantasie mit dem Adler schweben. Schau mit der Eule in die Nacht und staune über die Farben der tropischen Vögel.

Die größten fliegenden Lebewesen waren die Pterosaurier, die vor 70 Millionen Jahren lebten.

Federn sind ein Kunstwerk der Natur. Sie sind leicht, können viel tragen und isolieren perfekt.

Vögel und Fledermäuse benutzen den Schwanz als Höhenruder. Sie drehen ihn, um die Flugrichtung zu ändern.

Fledermäuse

Fledermäuse sind die einzigen Säugetiere, die fliegen können. In ihren Flügeln haben sie Knochen, die den Armen und Händen der Menschen ähnlich sind. Eine Haut spannt sich über die langen Fingerknochen und bildet die Flügel. Außer zum Fliegen benutzen die Fledermäuse ihre Flügel auch als Decke. Ihre Beine sind so schwach, dass sie kaum darauf laufen können. Von einer ebenen Oberfläche starten sie zum Flug.

Herumhängen

Eine Fledermaus hakt die gekrümmten Krallen an ihren Hinterbeinen an Balken oder Ästen ein und lässt sich kopfüber hängen. In dieser Haltung können die Krallen nicht abrutschen. Das liegt daran, dass die Krallen durch Sehnen gehalten werden, die sich unter dem Gewicht der Fledermaus strecken. Selbst wenn die Fledermaus einschläft, fällt sie so nicht herunter.

Chinesische Fledermäuse

In China ist die Fledermaus ein Symbol für Glück und langes Leben. Sie bringt den Menschen fünffachen Segen: Wohlstand, Gesundheit, Tugend, Alter und einen natürlichen Tod. Fu-Xing, der chinesische Gott des Glücks, wird oft als Fledermaus dargestellt.

Insekten fressende Fledermäuse sind meist Nachtjäger. Fledermäuse, die sich von Früchten ernähren, fliegen am Tag oder in der Dämmerung aus. Die Insekten fressenden Fledermäuse stoßen im Flug hohe, für das menschliche Ohr nicht hörbare Laute aus. Das Echo verrät ihnen, was vor ihnen liegt. Sie erfahren so die Größe und Form eines Objektes, ob und in welche Richtung es sich bewegt. Dieses Orientierungssystem ist vergleichbar der Echolotung. Wenn Fledermäuse in Gruppen fliegen, stoßen sie nicht zusammen, weil jede Fledermaus auf ihre eigenen Signale reagiert. Es gibt etwa 1.000 verschiedene Fledermausarten. Jedes vierte Säugetier auf der Erde ist eine Fledermaus. Wie alle Säugetiere

Fünfundzwanzig Prozent aller Säugetiere auf der Erde sind Fledermäuse.

Es gibt etwa 130 verschiedene Fledermausarten, die sich von Früchten ernähren. Sie finden ihre Nahrung mithilfe ihres feinen Geruchssinns.

Die kleinste Fledermaus der Erde ist die kleine Hufeisenfledermaus, die nur 3–4 cm lang wird.

haben sie ein Fell, sind Warmblüter und werden als Jungtiere mit Muttermilch ernährt.
Viele Fledermäuse fressen Insekten. Die Zwergfledermaus kann in einer Minute 300 Mücken verspeisen. Fledermäuse bestäuben auch Blüten. Sie leben in unseren Häusern und fliegen allabendlich durch den Himmel. Dennoch haben viele Menschen noch nie eine Fledermaus gesehen. Fledermäuse bauen keine Nester. Sie suchen sich dunkle Ecken, in denen sie sich verstecken können.

Zwergfledermäuse schlafen in Gruppen von bis zu tausend Tieren auf unbenutzten Dachböden, unter Kirchendächern und in alten Scheunen.

Die größte Tag-Fledermaus hat eine Spannweite von mehr als 1 m.

Früher bewohnten sie auch Höhlen und hohle Bäume. Weil wir aber so viele Höhlen verschlossen und so viele Bäume gefällt haben, ziehen immer mehr Fledermäuse auf die Dachböden unserer Häuser. In einigen Höhlen Mexikos findet man aber noch heute Fledermauskolonien, die bis zu 30 Millionen Tiere umfassen.
In kalten Gebieten suchen sich die Fledermäuse einen geschützten Winkel wie eine Felsspalte, um Winterschlaf zu halten. Vorher fressen sie sich einen dicken Winterspeck an, von dem ihr Körper während der Ruhezeit zehren kann. Wenn sie im Frühling wieder erwachen, sind sie sehr abgemagert.

Vampire

Oft werden Fledermäuse mit den Vampiren in Verbindung gebracht, die sich vom Blut lebender Menschen oder Tiere ernähren. Die Vampirfledermaus hat vier rasiermesserscharfe Zähne, mit denen sie tatsächlich das Blut von anderen Tieren, zum Beispiel Pferden, saugt. Dieses teilt sie mit anderen Fledermäusen. Fledermäuse verhungern sehr schnell, darum sind sie auf diese Noternährung angewiesen.

Unsterblichkeit

Früher glaubte man, Höhlen wären der Eingang zur Welt des nächsten Lebens. Weil Fledermäuse in Höhlen lebten, hielt man sie daher für unsterblich. In England, Australien, Bosnien, in Teilen Afrikas und auf den Tongainseln behandelte man die Fledermäuse als heilige Tiere, weil man sie für die Seelen der Toten hielt. Manche Leute glauben auch, dass die Seele nachts auf Wanderschaft zu gehen vermag, wenn man eine Fledermaus berührt.

WHITE LADY

Der Forscher Leonard Dubkin schrieb über die Fledermäuse, die er studiert hatte. Eine, die er „White Lady“ nannte, flog durch einen Ventilator. Dieser drehte sich mit 800 Umdrehungen pro Minute, doch die Fledermaus kam unverletzt hindurch. Als die Fledermaus noch ganz klein war, hing sie einmal an seinem Finger. Die Mutter flog herbei, nahm das Junge von seinem Finger und trug es davon, ohne ihren Flug zu unterbrechen. Als die „White Lady“ erwachsen war, fuhr Dubkin mit dem Auto 140 km weit weg und ließ sie in einer Gegend frei, die sie noch nie gesehen hatte. Als er nach Hause kam, war die Fledermaus schon da.

Bienen

Bienen gab es schon vor 146–174 Millionen Jahren. Sie sind also etwa dreimal so alt wie die Rocky Mountains. Die alten Ägypter glaubten, dass die Biene aus den Tränen des Sonnengottes Ra entstanden sei. Tatsächlich orientieren sich die Bienen nach dem Sonnenstand. Die Bienen wurden auch als Symbol des Lebens angesehen, weil sie zwar jeden Winter starben, im Frühling jedoch wiederkehrten.

Bienenstich

Die Bienenkönigin hat als Einzige im Bienenvolk einen zurückziehbaren Stachel. Wenn aber eine Arbeiterin sticht, bleibt der Stachel im Opfer, und die Biene stirbt. Eine Geschichte aus dem alten Rom handelt von einer Biene, die Jupiter etwas Honig schenkte. Jupiter wollte der Biene gern auch etwas schenken. Da bat die Biene um einen Stachel, um ihren Honig gegen die Menschen zu verteidigen. Jupiter liebte die Menschen, darum sagte er: „Du sollst einen Stachel haben, aber um den Preis deines Lebens. Wenn du ihn benutzt, so sollst du ihn verlieren und sterben."

Bienen sammeln Blütenstaub, den sie in den Pollensäckchen an ihren Hinterbeinen transportieren.

Jede Biene gehört zu einem Bienenvolk. Mittelpunkt jedes Bienenvolkes ist die Bienenkönigin, die am Tag bis zu 3.000 Eier legt. Damit sie genug Kraft für diese Aufgabe hat, muss sie innerhalb von 24 Stunden 80-mal ihr eigenes Gewicht fressen.

Die Zellen einer Wabe sind sechseckig.

Bienen saugen mit ihren langen, hohlen Zungen den Nektar aus Blüten.

Die meisten der anderen 20.000 bis 40.000 Tiere sind Arbeiterinnen, die verschiedene Aufgaben haben. Manche füttern die Königin und die Larven mit proteinreicher Bienenmilch. Einige stellen das Wachs her und formen daraus die sechseckigen Zellen der Waben. In den Zellen wird Honig gelagert, aber auch Pollen und junge Larven. Andere Arbeiterinnen fliegen aus, um Nektar und Blütenstaub zu sammeln. Diesen bringen sie

Bienen schlagen 180-mal in der Sekunde mit den Flügeln. Sie können bis zu 35 km/h schnell fliegen.

zu den Honigbienen, die ihn in der Wabe verstauen. Ältere Bienen bewachen den Bienenstock. Eine Arbeiterin wird nur sieben bis acht Wochen alt. Die männlichen Bienen, Drohnen genannt, haben nur die Aufgabe, sich mit der Königin zu paaren. Danach sterben sie.

Wespen

Wespen, die in Staaten leben, sind entweder Königin, Drohne oder Arbeiterin. Es gibt aber auch allein lebende Wespen, diese sind entweder männlich oder weiblich. Ihre Nester bestehen aus einem Papier ähnlichen Material.

Im Sommer fliegen Wespen auf überreifes Obst. Sie fressen es als Ersatz für Nektar. Mit ihren starken Kiefern zerkauen sie das Fruchtfleisch.

Im Frühsommer gründet die Wespenkönigin ein neues Volk. Dazu baut sie eine kleine Wabe mit sechseckigen Zellen und legt in jede Zelle ein Ei. Zum Bau verwendet sie Holz von Bäumen und Zäunen, das sie mit Speichel zu einem Brei kaut. Wenn die Larven schlüpfen, füttert die Königin sie. Anders als bei den Bienen arbeitet die Königin der Wespen von morgens bis abends. Die Larven verpuppen sich und entwickeln sich zu Arbeiterinnen. Diese bauen das Nest aus, um Platz für Nachwuchs zu schaffen. Wespennester bestehen aus vielen Reihen akkurater Zellen, ähnlich wie ein Wohnblock. Wenn eine Zelle leer ist, wird sie von den Arbeiterinnen gesäubert. Dann kann die Königin ein neues Ei hineinlegen.
Auch die Drohnen sind nicht faul. Sie helfen mit, das Nest sauber zu halten, indem sie die Zellen reinigen und tote Wespen oder Larven hinaus schaffen. Wenn es im Herbst kühler wird, nehmen die Wespen alle Larven aus den Zellen und töten sie. Das klingt grausam, aber es verhindert, dass sie langsam und qualvoll sterben, wenn die Arbeiterinnen keine Nahrung mehr finden. In den ersten Frostnächten sterben die Arbeiterinnen, die Drohnen erfrieren wenig später. Nur die Königin überlebt in einem hohlen Baum oder unter einem Stück loser Borke. Im folgenden Frühjahr gründet sie ein neues Volk.
Manche Wespenarten stechen, andere nur selten. Im Allgemeinen sind kleinere Wespen weniger aggressiv als große.

Die südamerikanische Wegwespe kann bis zu 63 mm lang werden.

In einem Wespennest leben etwa 5.000 Wespen.

Einzelgänger

Manche der allein lebenden Wespenarten bauen Nester. Die Weibchen bauen einige Wabenzellen oder graben kleine Löcher in den Boden. In jede Zelle legen sie ein Ei, daneben legen sie ein gelähmtes Insekt ab, von den sich die Larven nach dem Schlüpfen ernähren können. Andere Arten lähmen ein Beutetier und legen ihre Eier in dessen Fleisch. Wenn die Larven schlüpfen, fressen sie sich einen Weg ins Freie.

DER BIENENWOLF

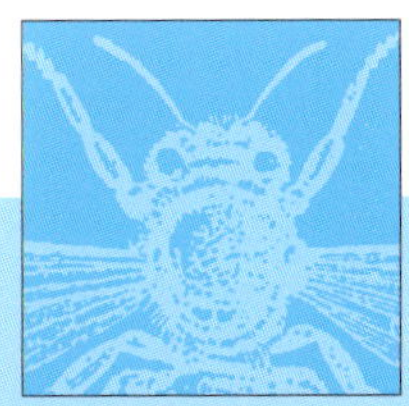

Der Bienenwolf ist eigentlich eine gelbe Wespe. Die weiblichen Tiere graben mit ihren Vorderbeinen ein kompliziertes Netz aus Tunneln und Nistkammern in die Erde. Die Königin füttert ihre Larven mit Honigbienen, von denen sie in jede der 15–20 Nistkammern drei bis sechs legt. In jede Zelle legt sie ein Ei und verschließt danach den Eingang mit Erde. Nach drei Tagen schlüpfen die Larven und beginnen zu fressen. Zwei Wochen später, wenn der Futtervorrat verbraucht ist, spinnen sich die Larven in einen flaschenförmigen Kokon ein, in dem sie sich zu Bienenwolf-Wespen entwickeln. Nach dem Schlüpfen müssen sich die Larven durch den Boden graben, bis sie auf einen der Tunnel stoßen und ins Freie gelangen.

Schmetterlinge und Falter

Passionsblumen

In Südamerika findet ein seltsamer Kampf zwischen der rankenden Passionsblume und einem Schmetterling statt. Der Heliconusschmetterling legt seine Eier auf die Ranken. Wenn die Raupen schlüpfen, fressen sie die Pflanze kahl. Um sich zu retten, versucht die Pflanze ein Täuschungsmanöver: Sie ändert ständig die Form ihrer Blätter. Doch der Schmetterling ist gewitzt. Wenn er auf einem Blatt gelandet ist, trommelt er mit den Beinen darauf und überprüft am Klang, um was für eine Pflanze es sich handelt.

Mondsüchtig

Manche Nachtfalter brauchen den Mond, um sich zu orientieren. Durch Glühbirnen und Kerzen werden sie verwirrt. Oft schwirren die Falter geradewegs in eine Kerzenflamme und verbrennen. In manchen Ländern wird der Nachtfalter als Symbol für die Sehnsucht der Seele nach dem göttlichen Licht angesehen.

Anpassung

Die hellere Form des Birkenspanners ist auf hellen, von Flechten bewachsenen Mauern kaum zu erkennen. Um 1860 tauchte plötzlich eine fast schwarze Form dieser Falter auf. Zu jener Zeit waren Mauern und sogar Bäume oft von schwarzem Ruß bedeckt. Die Falter hatten sich angepasst und eine neue Tarnfarbe angenommen. Heute ist die Stadtluft wieder etwas sauberer, auf den Mauern wachsen neue Flechten. Die schwarzen Falter verschwinden langsam, die hellen vermehren sich wieder stärker.

Als deine Urgroßeltern jung waren, flatterten in den sommerlichen Gärten viele Schmetterlinge und Falter in wunderbar leuchtenden Farben von Blatt zu Blüte. Heute sind die hübschen Tiere selten geworden. Moderne Landwirtschaft hat die bunten Blumenwiesen verdrängt, auf denen früher die Schmetterlinge Nahrung und Brutstätten fanden.

In den Mythologien vieler Kulturen gelten Falter mit all ihren Entwicklungsstadien von der Raupe über den Kokon bis zum geflügelten Exemplar als Symbole eines Lebens nach dem Tode.
Betrachtet man einen Falter oder einen Schmetterling, findet man keine Gemeinsamkeit zwischen ihm und der Raupe. Und doch verwandelt sich die langsam kriechende Raupe in das zarte, bunte Flügeltier. Dies ist eine der ungewöhnlichsten Verwandlungen im ganzen Tierreich.
Aus den Eiern des Schmetterlings schlüpfen Raupen, die sofort zu fressen anfangen. Sie fressen Wochen lang fast ununterbrochen. Dabei müssen sie sich mehrmals häuten, weil sie schnell dicker und größer werden. Ist die Raupe

Schmetterlinge können bis zu 1.000 km ohne Pause fliegen.

Ein männlicher Schmetterling kann mit seinen Fühlern den Duft eines Weibchens auf 8 km Entfernung aufnehmen.

ausgewachsen, spinnt sie sich in einen Kokon ein, den sie an einem Zweig befestigt. Dann wirft sie zum letzten Mal die Haut ab und wird zur Puppe.

Die meisten Schmetterlinge und Falter besitzen spezielle Drüsen, mit denen sie kurze Seidenfäden spinnen. Die Raupen kleben diese Fäden zu einem Kokon zusammen, der ihnen während des Puppenstadiums als Schutz

Motten und Schmetterlinge ernähren sich nur von Flüssigkeiten.

dient. Der Hermelinfalter baut einen zart durchbrochenen, netzartigen Kokon. Die Kokons von Nachtfaltern haben oft einen silbrigen Schimmer.

Ein Kokon, der an einem Zweig hängt, sieht leblos aus. Im Inneren aber passieren erstaunliche Dinge. Ein Teil der Raupe stirbt ab, stattdessen beginnen winzige Zellen zu wachsen. Langsam bilden diese Zellen einen neuen Körper. Eines Tages platzt der Kokon auf, ein Kopf mit zwei großen Augen erscheint. Bald folgen die Beine, und dann schlüpft der ganze Schmetterling.

Falter und Schmetterlinge

Im Allgemeinen fliegen Falter nachts und Schmetterlinge bei Tag. Schmetterlinge haben oft leuchtende Farben, Falter dagegen sind meist recht unscheinbar. Wenn ein Schmetterling sich ausruht, hält er die Flügel senkrecht nach oben. Ein Falter breitet die Flügel aus oder deckt seinen Körper mit ihnen zu. Wenn du genau hinsiehst, erkennst du, dass die Fühler eines Falters spitz oder gefiedert sind. Ein Schmetterling hat an den Fühlerenden kleine „Keulen“.

AMEISE UND SCHMETTERLING

Eine Ameise, die im Sonnenschein umherlief, begegnete einer Puppe kurz vor der Verwandlung. Die Ameise sah den trockenen, schrumpligen Kokon an und rümpfte die Nase. „Ich kann laufen, wohin ich will, sogar auf einen Baum kann ich klettern. Du bist eingesperrt und kannst gar nichts!“, sagte sie. Als die Ameise ein paar Stunden später wieder vorbeikam, war der Kokon leer. Die Ameise spürte einen leichten Windhauch und sah nach oben. Da saß ein wunderschöner Schmetterling, der mit den Flügeln schlug und sagte: „Jetzt kannst du angeben, so viel du willst!“ Damit flog er davon und ließ die Ameise einfach stehen.

Wenn er aus dem Kokon geschlüpft ist, breitet der Schmetterling seine Flügel aus, um sie von der Sonne trocknen zu lassen.

Die meisten Falter und Motten sind ihrer Umgebung perfekt angepasst. So sind sie kaum zu erkennen.

Insekten

Mindestens drei Viertel aller bekannten Tierarten sind Insekten. Auf jeden Menschen der Erde kommen mehr als eine Million von ihnen. Insekten waren die ersten Tiere, die fliegen konnten. Die ältesten bekannten Insekten hatten zwei Flügelpaare, die sich nicht zusammenfalten ließen. Sie ähnelten den heutigen Libellen. Die Größe von Insektenkörpern kann sehr unterschiedlich sein, von 0,25 mm bis zu 25 cm.

Nicht alle Insekten können fliegen. Auf einem Hektar Ackerland leben etwa 360 Millionen Insekten. Die meisten kriechen oder springen, weil sie keine Flügel haben. Die Brust eines Insekts besteht aus drei Teilen, von denen jedes ein Beinpaar trägt. Insekten atmen durch kleine Öffnungen in ihrem Hinterleib. Die Öffnungen führen zu Röhren (den Tracheen), die die Luft im ganzen Körper verteilen. Insekten ernähren sich unterschiedlich. Einige haben

Der australische Feuerkäfer kann über glühende Asche laufen.

Beißwerkzeuge. Sie können ihre Nahrung kauen. Andere saugen durch einen röhrenförmigen Rüssel flüssige Nahrung. Fliegen können auf fast allen Oberflächen laufen, sogar kopfüber an der Decke. Das liegt daran, dass sie an ihren Füßen viele winzige, klebrige Haare haben. Fliegen gebrauchen ihre Füße nicht nur zum Laufen. Goldfliegen haben an den Füßen außerdem Geschmacksknospen, mit denen

Käfer

Um die Käfer rankt sich vielerlei Aberglaube. Im alten Ägypten war der Skarabäus, ein großer Mistkäfer, heilig. Man findet sein Bild oft auf Siegeln und Amuletten. Der Skarabäus nimmt frischen Mist und rollt daraus mit Vorder- und Hinterbeinen eine Kugel. Dann gräbt er ein Loch und legt die Kugel hinein. Anschließend legt das Weibchen seine Eier in die Mistkugel. Weil die Kugel die gleiche Form wie die Sonne hat und der Käfer sie so bewegte, wie sich die Sonne über den Himmel bewegt, betrachteten die Ägypter den Skarabäus als Symbol des Lebens und der Auferstehung.

Große Sprünge

Ein Floh kann 130-mal so hoch springen, wie er groß ist. Ein Mensch müsste dafür über ein 70 Stockwerke hohes Haus springen. Für solche Sprünge müssen Flöhe Kräfte entwickeln, die 20-mal größer sind als die einer startenden Rakete. Flöhe können 350-mal so weit springen, wie sie lang sind. Ein Mensch müsste dafür der Länge nach über ein Fußballfeld springen.

Fliegenaugen

Fliegen und alle anderen Insekten haben Facettenaugen, die aus vielen einzelnen lichtempfindlichen Teilen bestehen. Jede Facette hat eine eigene Linse. So sehen Fliegen stets ein Mosaik aus überlappenden Lichtpunkten. Sie können nicht scharf sehen, aber sie nehmen die kleinste Bewegung wahr.

sie Zucker schmecken können. Schlupfwespen können durch ihre Füße sogar hören und riechen. Eintagsfliegen haben kein Maul zum Fressen. Sie leben nur zwei bis fünf Stunden, ganz selten auch einige Tage. Manche Schnaken sind so wärmeempfindlich, dass sie durch die Berührung einer menschlichen Hand getötet werden können.
Die Libelle wurde zum Symboltier Alaskas. Der Gouverneur nennt als Grund dafür „die Fähigkeit der Libelle, vorwärts und rückwärts zu fliegen und auf der Stelle zu stehen.

Manche kleinen Mücken schlagen 50.000-mal in der Minute mit den Flügeln.

Damit erinnert sie an die große Geschicklichkeit der Buschpiloten in Alaska." Tatsächlich ist eine Libelle eine großartige Fliegerin. Sie kann bei einer Geschwindigkeit von 55 km/h schlagartig abstoppen. Sie kann rückwärts fliegen und sehr schnelle Wendungen vollbringen. Wie die Fliegen haben auch Libellen Facettenaugen, mit denen sie aus über 35 m Entfernung eine Beute sehen können. Mit ihren Beinen bilden sie einen Korb, in dem sie ihre Beute fangen. Libellen fressen meist im Flug.

Insekten tragen ihr Skelett auf der Außenseite ihres Körpers. Auch andere Körperteile finden wir an ungewöhnlichen Stellen. Die Ohren einer Heuschrecke sitzen an den Beinen, ein Weberknecht hat sein Gehör in den Füßen.

Marienkäfer haben zwei Flügelpaare. Die äußeren harten Flügel schützen die inneren zarten.

Die Flugmuskeln brauchen Wärme, um zu arbeiten. Manche Insekten können bei Kälte nicht fliegen.

Schwebfliegen haben hinter den Flügeln Stabilisatoren. So können sie still in der Luft stehen.

Libellen gehören zu den Insekten, die sich seit Jahrtausenden kaum verändert haben.

Marienkäfer

Es gibt männliche und weibliche Marienkäfer. Unter ihren äußeren harten Flügeln haben sie ein zweites Paar zarter Flügel, mit denen sie beim Fliegen 100-mal in der Sekunde schlagen. Marienkäfer fressen Blattläuse und andere Pflanzenschädlinge. Eine Legende erzählt von einer Ungezieferplage, die im Mittelalter die Ernten vernichtete. Die Menschen beteten zur Heiligen Maria um Hilfe. Da kam ein Schwarm Marienkäfer und fraß die Schädlinge auf. So kamen die Marienkäfer zu ihrem Namen.

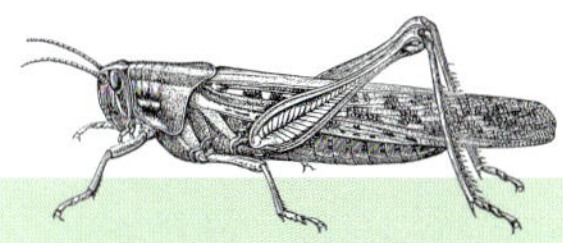

Kleine Hüpfer

Es gibt mehr als 20.000 verschiedene Grashüpfer und Heuschrecken. Ihr Zirpen entsteht, wenn sie die harten Adern an ihren Vorderflügeln aneinander reiben oder mit einem Teil der Hinterbeine an den Adern der Flügel reiben. Am Zirpen kannst du erkennen, wie warm es ist. Zähle die Töne, die das Insekt in 14 Sekunden macht, zähle 8 hinzu, teile das Ergebnis durch 1,8 und du hast die Temperatur in ° Celsius.

Die Fliege am Fluss

Eine Legende aus Kanada handelt von der Zeit, als die Erde ganz neu war. Damals gab es einen wundervollen Fluss, in dem Fische und Biber lebten. Alle Tiere kamen hierher, um zu trinken. Eines Tages begann ein riesiger Elch den ganzen Fluss leer zu trinken. Die Tiere machten sich Sorgen. Aber sie konnten den Elch nicht vertreiben. Da versprach die Fliege, das Problem zu lösen. Die Tiere lachten sie aus. „Du bist doch viel zu klein!" Die Fliege sagte nichts. Als der Elch kam, landete sie auf seiner Nase und biss zu. Sie hüpfte dem Elch auf der Nase herum, biss und biss. Schließlich hielt der Elch es nicht mehr aus und rannte davon.

Eulen

Eulen können im Dunkeln sehen. Weil sie außerdem stets ernst und nachdenklich dreinschauen, gelten sie in vielen Ländern als weise. In unserer modernen westlichen Kultur wird die Eule auch mit Geistern und dunklen Mächten in Verbindung gebracht. Das hat wohl damit zu tun, dass die Eule überwiegend nachts unterwegs ist.
Ganz leise schwebt sie durch die Dunkelheit. Nur ab und zu ist ihr trauriger Ruf zu hören.

Eulenaugen

Eulen starren uns aus großen Augen an. Sie haben ein drittes Augenlid, das sich seitwärts bewegt und so das Auge säubert und den Blick klar erhält. Die Pupillen können sich sehr schnell zusammenziehen oder erweitern, um sich dem Licht anzupassen. Die Augen selbst sind unbeweglich, dafür können Eulen ihren Kopf fast ganz herumdrehen, um zur Seite zu sehen. Eulen können Entfernungen sehr genau abschätzen, weil die Überschneidungszone der Gesichtsfelder ihrer beiden Augen sehr groß ist.

Gewölle

Eulen fressen ihre Beute ganz. Einen Teil der Nahrung kann ihr Verdauungssystem jedoch nicht verarbeiten, z.B. Federn, Knochen und Fell. Als fest zusammengepresstes „Gewölle" würgt die Eule diese Reste wieder hervor. Am Gewölle kann ein Naturforscher erkennen, was die Eule gefressen hat.

Eulen haben einen kurzen Schwanz, weiche Federn, große Köpfe und riesige Augen. Ihr Schnabel ist gekrümmt und teilweise unter den Federn verborgen.
Eulen sind Nachtgeschöpfe, sie jagen in der Dunkelheit. Mit Augen, die hundertmal besser sehen als unsere, erspäht die Eule Mäuse und Spitzmäuse auf dem Waldboden. Sobald sie die kleinste Bewegung wahrnimmt, stößt sie herab, schnappt das kleine Tier mit den Klauen und tötet es mit ihren scharfen Krallen. Es gibt Eulen in allen Formen und Größen. Eine Art ist so klein, dass sie in einem Wüstenkaktus wohnen kann. Der Uhu dagegen wird bis zu 80 cm groß. Er ist die einzige Eule, die so schnell wie ein

Die meisten Eulen können zehnmal besser hören als wir Menschen.

Eine Schleiereule sucht aus einer Flughöhe von 2–4 m den Waldboden nach Beute ab.

Adler fliegen kann. Schneeeulen haben eine Flügelspannweite von etwa 1,50 m. Sie leben in den arktischen Tundren, wo sie auch bei Tage jagen.

Eulen können fast lautlos fliegen, weil ihre Flügelränder aus besonders weichen Federn bestehen.

Die Sumpfohreule fühlt sich in Feuchtgebieten wohl. Die Kanincheneule hat ihren Namen, weil sie in Löchern im Boden nistet und schläft. Sie gräbt die Löcher selbst oder sie zieht in verlassene Kaninchenbaue ein. Der Steinkauz gilt in vielen Gegenden als Bote des Unglücks. Die große Waldohreule, die ein gefährlicher Raubvogel ist, wird auch „Tiger der Nacht" genannt. Zu den größten Eulen gehören die Uhus. Sie haben spitze „Ohren", die an beiden Seiten vom Kopf abstehen. Dies sind in Wirklichkeit nur Federbüschel, die mit dem Gehör nichts zu tun haben. Die Habichteule ist in Kanada, Nordamerika, dem Norden Asiens und in Skandinavien anzutreffen. Anders als die übrigen Käuze jagt sie am Tage. Im Flug erinnert sie an einen Habicht, weil ihr Schwanz auffallend lang ist.

Der Sperlingskauz ist mit etwa 16 cm die kleinste Eule, die es bei uns gibt.

Eulenohren

Roger Payne, ein Student an der amerikanischen Cornell-Universität, setzte eine Eule in eine Scheune, die lichtundurchlässig versiegelt wurde. Den Boden bestreute er mit trockenen Blättern. In völliger Dunkelheit ließ Payne eine Maus frei. Sobald sie in den Blättern raschelte, flog die Eule von ihrer Stange auf. Payne schaltete das Licht ein und sah, dass die Eule die Maus gefangen hatte. Nachdem Payne ein Ohr der Eule verstopft hatte, konnte sie die Beute im Dunkeln nicht mehr finden.

Ku-witt!

Um das Heulen der Eule rankt sich vielerlei Aberglaube. Eine alte englische Bauernregel lautet, dass der Waldkauz nur heult, wenn es bald regnen wird. In manchen Gegenden Frankreichs meint man, dass eine schwangere Frau, die eine Eule hört, ein Mädchen zur Welt bringen wird. Hörten die Kelten und die alten Römer den Schrei einer Eule, wenn jemand im Sterben lag, so glaubten sie, die Eule wolle die Seele des Toten holen. Im antiken Rom erschien eine Eule an den Totenbetten einiger Kaiser. Auch den Tod der Dido kündigte eine Eule an, die auf ihrem Haus landete.

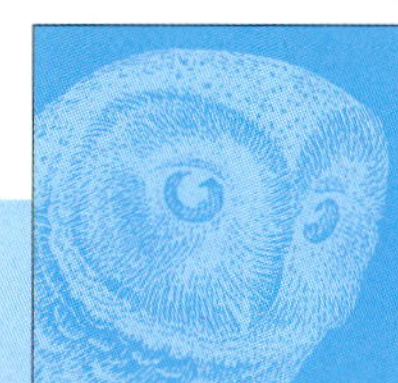

SCHNELL UND LEISE

Ein Mann, der Eulen sehr gern hatte, fütterte jeden Tag eine große graue Schleiereule mit einer Spannweite von 1,50 m. Eines Morgens sammelte der Mann im Freien Steine, um sie in sein Terrarium mit Fröschen zu legen. Er hob drei graue Steine auf und legte sie auf seine Handfläche. Plötzlich waren sie verschwunden. Stattdessen hatte er eine blutende Wunde. Völlig lautlos und schneller, als er sehen konnte, war die Eule angeflogen. Sie hatte die Steine gepackt und saß nun auf einem Zweig, der etwa 2 m entfernt war.

Störche

Um den Storch mit seinem weißen Gefieder, den langen Beinen und dem seltsamen Gang ranken sich viele Märchen und Geschichten. In Europa erzählt man, dass der Storch die Babys bringt. Vielleicht rührt das daher, dass der Storch sich gern am Wasser aufhält, denn Wasser ist ein Symbol für Fruchtbarkeit. Vielleicht ist der Grund auch einfach, dass sich Störche sehr liebevoll um ihre Jungen kümmern.

Mutterliebe

Auf einem Strohdachhaus hatte ein Storchenpaar sein Nest gebaut. Eines Tages brannte das Dach. Um seine Jungen zu schützen, setzte sich der Storch auf das Nest und schlug mit den Flügeln auf die Flammen ein. Als das Feuer gelöscht war, war der Storch schwarz von Ruß, viele seiner Federn waren verbrannt. Aber den Jungen war nichts geschehen. Störche sind sehr fürsorgliche Eltern. An heißen Tagen tragen sie sogar in ihren Schnäbeln Wasser für die Jungen herbei.

Störche sind große Watvögel mit langen Beinen, einem langen Hals, großen, breiten Flügeln und Schwimmhäuten an den Füßen.

Auf der Welt gibt es 17 verschiedene Storcharten.

Sie sind gute Flieger. In der Luft, mit weit vorgestrecktem Kopf und nach hinten ausgestreckten Beinen, sehen sie sehr elegant aus. Wenn sich ein Storchenpaar begrüßt, klappern beide laut mit den Schnäbeln. Störche ernähren sich von Fröschen, kleinen Reptilien, Insekten und Schnecken. Weißstörche leben während des Sommers in Europa und Asien, im Winter ziehen sie nach Afrika in den warmen Süden. Sie bauen ihre Nester oft auf Baumkronen oder Häusern. Störche kehren Jahr für Jahr zu ihrem Nest zurück. In jedem Sommer bauen sie es noch etwas weiter aus. So können Türme aus Zweigen entstehen, die 1,8 m hoch und 1,2 m breit sind. Das Weibchen legt ein bis fünf Eier, beim Brüten wechseln sich die Eltern ab.

Störche sind gesellig. Sie fühlen sich auch in der Nähe von Menschen wohl.

Der Schnabel des Klaffschnabels schließt nur an der Spitze. An den Seiten steht ein Spalt offen.

Kraniche

Kraniche sind große, anmutige Vögel, die auf fünf der sieben Kontinente zu Hause sind. Nur in Südamerika und in der Antarktis findet man sie nicht. Kraniche sind besonders stark vom Aussterben bedroht. Von den 15 heute noch lebenden Arten stehen 11 auf der Liste der bedrohten Tierarten.

Die Kraniche, die mit ihrer bunt gefärbten Haut im Gesicht und ihren dekorativen Federbüscheln auf dem Kopf so elegant aussehen, sind sehr aggressiv. Wenn zwei Kraniche kämpfen, springen sie hoch in die Luft und stürzen sich mit Schnabel und Krallen aufeinander. Der Kampf endet erst, wenn ein Vogel aufgibt und wegläuft oder -fliegt. Selbst dann verfolgt der Sieger ihn manchmal noch. Beim Rennen macht ein Kranich einen bis drei Schritte in der Sekunde. Oft muss er die Flügel ausbreiten, um die Balance zu halten. Kraniche können

Die größeren Kraniche werden bis zu 1,50 m hoch.

schneller laufen als Menschen. Verschiedene europäische und asiatische Kraniche bereiten sich auf die Brutzeit vor. Sie beschmieren ihr Gefieder mit Schlamm, damit sie von Angreifern nicht so leicht erspäht werden. Gleichzeitig dient diese „Maskerade" dazu, einen Partner anzulocken. Obwohl Kraniche keine Schwimmhäute an den Füßen haben, sind sie gute Schwimmer. Schon wenige Stunden, nachdem sie geschlüpft sind, folgen die Küken den Eltern ins Wasser. Nach der Brutzeit fliegen die Kraniche in großen, v-förmigen Zügen nach Süden in Länder mit wärmerem Klima.

Kranichtänze

Kraniche sind Zugvögel, die im Frühling aus dem Süden zurückkehren. Dann führen sie wundervolle Werbungstänze auf. Der Hornborgarsee in Schweden ist eine Attraktion für Naturfreunde geworden. Hier kann man bis zu 70.000 Kraniche bei ihren Tänzen beobachten. Auch in manchen traditionellen Tänzen werden die Bewegungen der balzenden Kraniche nachgeahmt.

Der Schreikranich

Der Schrei des Schreikraniches klingt wie ein indianischer Kampfruf. Heute leben weniger als 250 dieser Tiere auf der Erde, und auch sie sind vom Aussterben bedroht. Ihr Brutgebiet liegt im Wood-Buffalo-Nationalpark und Kanada. Kraniche verstecken sich gern. 1943 erhielt Robert Parker Allen den Auftrag, sich um den Schutz der Schreikraniche zu bemühen. Erst 1955 fanden er und sein Team heraus, wo sich die Tiere aufhielten.

KUNG FU

Die Kampfkunst Kung Fu ist eine alte tibetanische Art der Selbstverteidigung. Vor vielen Jahren saß ein alter Mann an einem Teich und beobachtete einen Kranich. Plötzlich kam ein Gorilla aus dem Wald und griff den Vogel an. Der alte Mann wollte den Vogel schon betrauern, doch dann sah er erstaunt, wie der Vogel dem Affen auswich und sich verteidigte. Kraniche springen umher, um Angreifer zu verwirren. Mit eleganten Flügelbewegungen parieren sie Stöße. Manchmal können sie damit den Angreifer aus dem Gleichgewicht bringen. Auch ihre Krallen setzen sie als Waffen ein. Der „Kranich"-Stil des Kung Fu ahmt diese Bewegungen nach.

Doppelköpfig

Manche Länder führen den doppelköpfigen Adler im Wappen. Damit wollen sie zeigen, dass sie allmächtig sind und dass ihr Blick in alle Richtungen schweift. Die Hethiter meißelten ihn in ihre Bauten, dann tauchte er in Byzanz wieder auf. Kaiser Friedrich Barbarossa machte ihn im Jahre 1155 zum Symbol des Heiligen Römischen Reiches. Auch Iwan III. von Russland übernahm das Symbol im Jahre 1472.

Legionen des Adlers

Wenn die Römer und Perser der Antike in den Kampf zogen, trugen sie Darstellungen des Adlers als Zeichen ihres Mutes und ihrer Tapferkeit bei sich. Jedes Regiment Napoleons führte eine Standarte mit einem bronzenen Adler mit sich. Auch die Schilder der Kreuzfahrer waren mit Adlern bemalt. Und unter den vielen Zeichen der Ritterlichkeit und Heraldik ist er ebenfalls zu finden.

Schöne Federn

Überall auf der Erde werden Adlerfedern für Kleidung, zeremonielle Geräte und Kopfschmuck benutzt. Im Volksglauben der amerikanischen Indianer ist ein Kopfschmuck aus Adlerfedern Symbol des Donnervogels oder Großen Geistes. Die Federn tragen die Gebete des Stammes zum Himmel.

Adler

Adler fliegen und nisten in größerer Höhe als alle anderen Vögel. Früher glaubte man, sie könnten mit den Göttern sprechen. Unsere Fantasie hat sie zu machtvollen Wesen erhoben, die uns Ehrfurcht einflößen – aber auch die Sehnsucht, selbst bis zu den Göttern fliegen zu können. Der Adler gilt als König der Vögel. Er ist ein Symbol für Autorität, Stärke, Sieg und majestätischen Stolz.

Obwohl der Adler nicht der eleganteste Flieger ist, hat er die Fantasie der Menschen beflügelt. Seine Flügel sind ein Konstruktionswunder der Natur. Sie sind stark genug, um den großen Vogel hoch und weit zu tragen. Sie sind mit Federn ausgestattet, die sich verstellen lassen und so den Auftrieb erhöhen und Turbulenzen vermindern. Bei langsamer Fluggeschwindigkeit verhindern sie

Ein Adler kann achtmal schärfer sehen als ein Mensch.

einen Strömungsabriss. Wenn der Adler in Spiralen zur Sonne emporschwebt, gleitet er eigentlich auf aufsteigender Luft abwärts. Dass er dennoch höher steigt, liegt daran, dass die Bewegung der aufsteigenden Luft schneller ist als seine Abwärtsbewegung – wie wenn jemand eine aufwärts fahrende Rolltreppe hinabgeht. Seine Flügel sind nicht für

Junge Adler müssen das Jagen und Töten von ihren Eltern lernen.

schnellen Flug ausgelegt, sondern für langes Gleiten.
Auf der Welt gibt es 59 verschiedene Adlerarten. Weißkopfadler versammeln sich an den Flüssen nahe der Küste Alaskas, um Fische zu jagen. Man sieht sie auch an den Seen im Inneren Amerikas, und manchmal fliegen sie auf der Suche nach Nahrung in den Süden. Die Paare bleiben ein Leben lang beisammen. Zur Paarungszeit führen sie kühne Kunstflüge aus, bei denen sie in der Luft die Krallen verhaken und sich überschlagen. Ihre Nester aus Zweigen bauen sie auf hohen Felsen oder Bäumen. Sie kehren jedes Jahr zu ihnen zurück.
Zu den größten Adlern gehört der 90 cm große Goldadler, der eine Spannweite von 2 m hat. Wenn er jagt, schwebt der große Vogel lange durch die Luft, dann stößt er plötzlich herab, um eine Beute zu schlagen.

Der Weißkopfadler besitzt ein prächtiges weißes Kopfgefieder, dem er seinen Namen verdankt.

Geier sind, ebenso wie Adler, Raubvögel. Allerdings sind sie Aasfresser, die sich von Tierkadavern ernähren.

Adler töten mit den Krallen. Mit ihrem spitzen Schnabel reißen sie das Fleisch auf.

Der Adler mag starke Krallen, einen gefährlichen Schnabel und scharfe Augen haben – seine Stimme jedoch ist schwach und heiser. Goldadler bauen riesige, unordentliche Nester auf Bäumen oder Felsvorsprüngen, die bis zu 1,8 m Durchmesser haben können.

Weißkopfadler

Der Weißkopfadler wurde 1782 von den USA als Nationalemblem gewählt. Er erscheint auf Münzen und Geldscheinen und soll die Macht und Stärke des Landes verkörpern. Die ausgebreiteten Flügel des Adlers zeigen seine Kraft. In den Krallen hält er einen Olivenzweig, der aussagt, dass diese Kraft nur für friedliche Zwecke eingesetzt werden soll.

ENTFÜHRUNG

Eine Geschichte handelt von einer Frau, deren Baby von einem Adler entführt wurde. Sie hatte das Kind in ein Tuch gehüllt und zum Schlafen an den Rand eines Feldes gelegt, wo sie arbeitete. Sie konnte den Adler noch mit dem Baby zu seinem Nest hoch auf einem Felsvorsprung davonfliegen sehen. Der Fels war steil, noch nie war es einem Menschen gelungen, hinaufzusteigen. In ihrer Verzweiflung schaffte es die Mutter aber, bis zum Nest zu gelangen. Da lag das Kind, lebend und unverletzt, noch immer in das Tuch gehüllt. Sie packte es schnell und kletterte zitternd wieder hinab.

Papageien

Die leuchtend bunten Papageien faszinieren uns Menschen, seitdem wir sie kennen. Die Baumbewohner mit ihrem farbenfrohen Gefieder und ihrem lustigen Verhalten sind eine der größten Attraktionen der Natur. Ob Ara oder Wellensittich – alle Papageienvögel haben starke, hakenförmige Schnäbel.

Linksfüßer

Kakadus sind vermutlich Linksfüßer. Wissenschaftler an der Universität von Michigan haben festgestellt, dass die Vögel Samenstände immer mit der linken Pfote halten. Sie stehen auf dem rechten Fuß und rupfen die Samenkörner mit dem Schnabel ab. Natürlich kann es auch sein, dass sie auf dem rechten Fuß besser das Gleichgewicht halten können.

Aras fliegen bei der kleinsten Störung mit großem Geschrei auf.

Sprechende Vögel

Papageien können sprechen. Bis vor kurzem dachte man, dass sie nur Laute nachahmen. Heute weiß man, dass sie durchaus verstehen, was gesagt wird. Sie können ganze Sätze lernen und Symbole erkennen. Dr. Irene Pepperberg von der Universität Arizona arbeitet mit afrikanischen Graupapageien. Alex, der älteste Vogel, kann fünf verschiedene Formen, sieben Farben und über hundert Gegenstände unterscheiden. Er kennt auch mehrere Sätze und kann sie richtig anwenden.

Papageien leben in den wärmeren Zonen der Erde: in den Regenwäldern Afrikas und Südamerikas, in Australien, Neuguinea und auf den Salomoninseln. Sie sind sehr anmutige Vögel. Aras gehören zu den schönsten und farbenprächtigsten Papageien. Ihre Heimat sind die Regenwälder und Savannen Süd- und Mittelamerikas. Weil ihre natürlichen Lebensräume zerstört werden, sieht man sie immer seltener in freier Wildbahn. Viele werden aber auch gefangen und als Haustiere verkauft. Aras finden sich zu Paaren zusammen. Im Frühling hört man sie laut nach dem Partner schreien. Sie bauen ihre Nester in hohlen Bäumen. Wenn die Arapaare auf Nahrungssuche gehen, fliegen sie so dicht nebeneinander, dass sich ihre Flügel fast berühren.

Papageien können zwischen 50 und 70 Jahre alt werden.

Papageien benutzen zum Klettern auf Bäumen ihre Krallen und ihren Schnabel.

Nymphensittiche sind relativ kleine Papageien. Man sieht sie oft in kleinen Schwärmen umherziehen und man hört ihr Geschrei von Weitem. An Futterplätzen sammeln sie sich zu hunderten. Sie ernähren sich von Samen, Beeren, Früchten, Blüten und Nektar. Mönchssittiche bauen ihre Nester zu Beginn der Brutzeit. Um das Nest eines Paares bauen andere ihre Nester herum, bis schließlich ein großer Gesamtbau entsteht.

Tukane

Tukane, die zu den ungewöhnlichsten Vögeln der Erde gehören, leben in den dichten Regenwäldern Südamerikas, vornehmlich am Amazonas. Der leuchtend gefärbte Schnabel eines Tukans ist halb so lang wie sein Körper. Das Gefieder ist meist dunkel, nur am Kopf ist es auffallend bunt gefärbt.

Der bekannteste Tukan ist wahrscheinlich der Riesentukan. Sein Gefieder ist schwarz und weiß mit einigen roten Schwanzfedern. Der goldgelbe Schnabel hat eine Länge von etwa 9 cm. Man möchte denken, dass der Vogel beim Fliegen vornüberkippen müsste, doch der Schnabel ist leichter, als er aussieht. Wie alle Tukane frisst der Riesentukan Früchte. Am liebsten hat er Passionsfrüchte und

Der scheue Lauch-Arassari ist in Höhen um 3.000 m anzutreffen.

Paprika. Tukane sind nicht schüchtern. Wenn sich die Gelegenheit bietet, kommen sie auch in Häuser und stibitzen dort Nahrung. Tukane nisten in natürlichen Baumhöhlen, sie benutzen auch verlassene Spechthöhlen. Wenn ein Loch nicht groß genug ist, hackt der Tukan mit seinem Schnabel weiteres Holz weg. Die Späne lässt er in die Höhle fallen, um sie weich auszupolstern. Das Nest des Tukans ist etwa 30–60 cm tief, damit auch der große Schnabel hineinpasst. Ein Tukanweibchen legt zwei bis

Tukane haben eine schmale Zunge mit Borsten an der Spitze. Sie sieht wie eine Feder aus.

vier Eier, die von beiden Eltern bebrütet werden. Nach 15 Tagen schlüpfen die Jungen.

Schnappkünstler

Hast du einmal versucht, eine Erdnuss oder ein Bonbon in die Luft zu werfen und mit dem Mund zu fangen? Dann hast du einen Tukan nachgemacht! Der Tukan packt eine Frucht mit der Schnabelspitze, dann wirft er den Kopf zurück und lässt das Stück hineinfallen. In der freien Natur spielen Tukane gern mit Früchten. Sie werfen sie hoch und fliegen dann hinterher, um sie zu schnappen.

Riesentukane leben in kleinen Gruppen. Sie fallen gern in Kokos- oder Zuckerrohrplantagen ein.

Bunte Mischung

Es gibt 42 Tukanarten, die zwischen 33 und 64 cm groß werden. Alle Arten haben große Schnäbel, doch sind diese von Art zu Art ganz verschieden. Ein Arassari hat einen blau gestreiften Schnabel mit seitlichen Zacken. Der Nashorntukan trägt auf dem Schnabel eine gelbe Hornplatte, der Schnabel des Lauch-Arassaris hat gelbe und schwarze Längsstreifen.

SPEZIALSCHNABEL

Tukane fressen am liebsten weiche Nahrung, etwa kleine Früchte. Dabei ist ihr Schnabel hart genug, um damit Holz zu meißeln. Die auffälligen Schnäbel bestehen aus einem hornartigen Material, das man Keratin nennt. Von innen sind die Schnäbel hohl, ein wabenartiges Gebilde aus Querstreben stabilisiert sie. So sind sie leicht genug zum Fliegen, aber dennoch stabil. Die Kanten der Schnäbel sind gezackt, sodass der Vogel damit große Stücke aus Früchten herausreißen kann. Niemand weiß, warum die Tukane so große Schnäbel haben. Manchmal „fechten" die Vögel spielerisch damit. Wahrscheinlich dienen sie auch zum Anlocken eines Partners.

Friedenssymbol

Seit jeher wird die Taube als heiliger Vogel und als Symbol des Friedens angesehen. Sie ist das einzige Tier, in das sich weder der Teufel noch eine Hexe verwandeln kann. Im Christentum ist die Taube auch Symbol des Heiligen Geistes. In der römischen Mythologie ist sie die Botin der Liebesgöttin Venus.

Letztes Geleit

Sein Leben lang engagierte sich Captain Joseph Belain von der amerikanischen Marine dafür, dass der Brieftaubendienst nicht abgeschafft wurde. Als er starb, wurde in der Kirche von Gay Head ein Gedenkgottesdienst gehalten. Während der Feierlichkeit flog eine Taube vom Meer herein, setzte sich auf den Sarg und blieb dort während des ganzen Gottesdienstes sitzen.

Taubenschwanz

Ein Taubenschwanz besteht aus 20 Flugfedern. Sind sie ausgebreitet, so überlappen sie einander lückenlos. In der alten griechischen Sage von Jason und den Argonauten rudert Jason über das Meer und kommt an eine schmale Meerenge. Der einzige Weg führt zwischen den „Symplegaden" hindurch. Dies sind gefährliche Felsen, die sich bewegen und Schiffe zerschellen lassen. Jason ließ eine Taube frei. Sie flog zwischen den Felsen hindurch und verlor nur die Schwanzfedern. So konnte Jason abschätzen, wie viel Zeit er für die Durchfahrt hatte.

Tauben

Wildtauben und Haustauben haben die gleichen Vorfahren, sie stammen von der Steintaube ab. Seit Jahrhunderten werden Tauben als Haustiere gehalten, schon 3.000 v. Chr. waren sie bei den Ägyptern beliebt. Durch Zucht gibt es heute viele verschiedene Haustaubenrassen in unterschiedlichen Größen.

Mit Ausnahme der ganz kalten Regionen gibt es überall auf der Welt die verschiedensten Taubenarten. Wenn du durch einen Wald gehst, hörst du sie vielleicht rufen. Ringeltauben und Hohltauben bauen ihre Nester in Bäumen oder in Höhlungen in Bäumen. Die Steintaube dagegen brütet auf den Felsen rauer, felsiger Küsten. Wenn Tauben keine Höhlen finden, bauen sie Nester aus kleinen Zweigen und Stöcken mit einer Mulde in der Mitte, in die sie ihre Eier legen. Tauben legen meist nur zwei Eier.

Wandertauben wurden im 18. Jahrhundert durch die Jagd ausgerottet.

Frisch geschlüpfte Taubenküken sehen seltsam aus. Sie sind blind und hilflos, sie haben eine schwärzlich blaue Haut und nur einzelne Tuffs aus gelblichen Daunen. Beide Eltern füttern die Jungen mit einer dickflüssigen „Milch", die sich in ihren Kröpfen am Hals bildet. Junge Tauben verlassen das Nest mit etwa 23 Tagen. Fliegen können sie dann noch nicht.

Manche Menschen stellen Taubenschläge als Nist- und Ruheplätze für Tauben in ihren Gärten auf.

Überall auf der Welt sieht man Tauben auf den großen Plätzen der Städte. Am engsten mit dem Menschen verbunden ist wohl die Brieftaube. Ihr Instinkt lässt Tauben immer wieder den Weg zu ihren Ruhe- oder Nistplätzen finden, auch über sehr lange Strecken. Sie finden sich mithilfe verschiedener Informationsquellen zurecht. Dazu gehört das Magnetfeld der Erde, der Stand von Sonne und Sternen, die Windrichtung und die Wolken. Wegen dieses Instinktes wurden Tauben über viele Jahrhunderte als schnelle und zuverlässige Boten eingesetzt. Eine Brieftaube kann 50–95 km/h schnell fliegen. Im I. und II. Weltkrieg wurden Tauben eingesetzt. Ein japanischer Offizier hatte entdeckt, dass alle chinesischen Schiffe Tauben an Bord hatten. Wurden diese am Morgen freigelassen, so kehrten sie stets am Abend wieder auf die Schiffe zurück. Der Offizier experimentierte. Er ließ Tauben aus beweglichen Taubenschlägen fliegen, und er fand heraus, dass die Tauben den Schlag immer wieder fanden, egal wo er sich befand. Tauben haben Angst vor Lärm. Darum ist es besonders verwunderlich, dass so viele Tiere in den Kriegen durch Artillerie-, Schrapnell- und Maschinengewehrfeuer, aber auch durch Gas, Nebel und Regen flogen, um ihre Nachrichten abzuliefern.
Im II. Weltkrieg warf die britische Armee Käfige mit Tauben an Fallschirmen hinter den feindlichen Linien ab. Diese Tauben wurden von Widerstandskämpfern eingesetzt, um Nachrichten nach London zu senden.
Auch Renntauben sind sehr beliebt. In Belgien sind Taubenrennen geradezu ein Nationalsport. Eine Renntaube kann knapp 100 km/h schnell fliegen, auf einer günstigen Luftströmung sogar noch schneller. Je nach Distanz werden unterschiedliche Taubenarten eingesetzt. Leichte, kleine Vögel sind Sprinter – sie können über kurze Strecken sehr schnell fliegen. Größere Vögel werden für Langstreckenrennen eingesetzt. Unter guten Bedingungen kann eine Taube bis zu 13 Stunden ohne Pause fliegen.

Tauben sind die einzigen Vögel, die Flüssigkeiten saugen können, statt in Schlucken zu trinken.

Die erste Brieftaube wurde im Jahr 1150 n. Chr. vom Sultan von Bagdad auf den Weg geschickt.

Brieftauben sind schlagtreu. Ihr ausgezeichneter Orientierungssinn zeigt ihnen immer wieder den Weg zurück in ihren Schlag, nachdem sie eine Nachricht abgeliefert haben.

Rote Füße

Eine arabische Legende erzählt, wie die Taube zu ihren roten Füßen kam. Als die Welt überflutet war, ließ Noah aus der Arche eine Taube fliegen. Die Taube kam mit einem Olivenzweig im Schnabel zurück. So wusste Noah, dass die Baumwipfel aus den Wasser ragten und dass die Flut zurückging. Er ließ die Taube noch einmal frei. Diesmal kehrte sie mit rotem Schlamm an den Füßen zurück. Daran erkannte er, dass sie auf dem Boden gelandet war. Noah bat Gott, der Taube für immer ihre roten Füße zu lassen. So sollten die Menschen stets an die Sintflut erinnert werden.

TREUE TAUBE

Im Jahre 1939 nahm Hugh Perkins, der Sohn des Sheriffs von Summersville in West Virginia, USA, eine heimatlose Brieftaube auf. Er gab ihr die Nummer 167. 1940 wurde Perkins ernsthaft krank. Er wurde ins Krankenhaus nach Philippi gebracht, das 160 km entfernt lag. Eines Nachts klopfte es ans Fenster. Die Schwester zog den Vorhang beiseite und sah eine Brieftaube, die mit dem Schnabel an die Scheibe klopfte. „Lassen Sie sie herein", sagte Perkins. „Es ist bestimmt meine. Sehen Sie nach, ob sie die Nummer 167 am Bein trägt!" Die Schwester öffnete das Fenster, die Taube flog herein und landete auf Perkins' Bett. Sie trug tatsächlich die Nummer 167.

Raben und Krähen

Raben und Krähen gehören zur gleichen Vogelfamilie. Sie zählen zu den intelligentesten Vögeln. Ihr Gedächtnis ist erstaunlich, sie können auch sehr gut knifflige Aufgaben lösen. Außerdem sammeln sie alles, was glänzt. Sie sind sehr anpassungsfähig. Wenn sich ihre Lebensbedingungen ändern, können sie sich schnell darauf einstellen.

Unglücksrabe

Im Volksglauben werden große schwarze Vögel oft mit dem Teufel in Verbindung gebracht und als Boten des Unglücks und des Todes angesehen. Im antiken Rom verstand man das „krah-krah" des Raben als „Morgen, morgen", darum hielt man ihn für ein Symbol der Hoffnung. Im Christentum sind Raben auch Sinnbild für Gottes Fürsorge, denn der Prophet Eliah wurde von Raben gefüttert.

Raben im Tower

Man sagt, der Rabe könne in die Zukunft sehen und den Tod vorausahnen. Im Tower von London leben seit jeher Raben, vermutlich um das Land gegen eindringende Feinde zu beschützen. Es heißt, wenn die Raben den Tower verlassen, wird England von Feinden erobert werden.

Raben sind etwa ein Drittel größer als Krähen. Sie haben einen schwereren, leicht gekrümmten Schnabel. Ihr Schwanz ist fächerförmiger als der von Krähen, ihr Gefieder glänzt schwärzlich blau. Manche Raben tragen auch eine Halskrause aus dichten Federn. Im Winter finden

Krähen fressen Insekten, Spinnen, Frösche und kleine Säugetiere. Sie suchen auch im Abfall nach Nahrung.

Zur Familie der Rabenvögel gehören Elstern, Krähen, Raben und Eichelhäher.

sie sich zu großen Scharen zusammen. Sie nisten aber allein in hohen Bäumen oder an Felswänden.
Die Rabenkrähe wird etwa 47 cm groß, ihr Gefieder ist tiefschwarz. Nebelkrähen haben ein graues Bauchgefieder. Kopf, Flügel und Schwanz sind schwarz.
Saatkrähen sind etwas kleiner. Sie haben einen langen, dünnen Schnabel und einen Fleck nackter Haut zwischen den Augen. An ihren Beinen tragen sie „Hosen“ aus locker angeordneten Federn. Saatkrähen sind gesellige Vögel. Bauern freuen sich, wenn die Saatkrähen Insekten und Würmer und andere Pflanzenschädlinge von den Feldern picken.

Werden Raben beim Futterverstecken beobachtet, graben sie es wieder aus und verstecken es woanders.

Es scheint, als ob Raben und Krähen gern beobachten, wie andere Tiere sich verhalten. Manchmal ärgern sie auch andere Tiere, indem sie nach ihnen hacken oder sie am Schwanz ziehen. Sie haben gelernt, dass sie auf diese Weise ein Tier lange genug ablenken können, um ihm Nahrung oder eine Beute zu stehlen. Krähen und Raben können auch sehr gut Geräusche nachahmen. Manche haben sogar Wörter gelernt. Jim Nollman ist Schriftsteller und Naturforscher, der sich mit der Verständigung zwischen verschiedenen Tierarten beschäftigt hat. Als er einmal zeltete, gesellte sich ein Rabe zu ihm. Mehr als eine Stunde saß der Rabe da und beobachtete Norman, der Mundharmonika spielte. Dabei ahmte er den Klang des Instrumentes nach und gab Laute von sich, die an das Schnurren einer Katze erinnerten.
Eine nordamerikanische Häherart vergräbt Kiefernzapfen, um einen Futtervorrat anzulegen. Die Vögel können sich bis zu 3.000 verschiedene Vorratsplätze merken.

Krähen können sich am Boden und in der Luft flink bewegen.

In der Brutzeit finden sich Saatkrähen zu großen Nistkolonien zusammen.

RABENNESTER

In einer Nistkolonie herrschen strenge Regeln. Wenn jüngere Vögel ihr Nest in zu großer Entfernung von der Hauptkolonie bauen, wird es von älteren Vögeln zerstört. Alte Geschichten erzählen, dass die Raben eine Art Parlament haben, wo Entscheidungen gefällt werden. Eine Frau beobachtete in der Nähe ihrer Einfahrt einmal zwei junge Raben, die ihr Nest etwas von der Hauptkolonie entfernt bauten. Dreimal wurde das Nest zerstört, und jedes Mal bauten die jungen Raben es wieder auf. Eines Tages wurden die beiden Jungraben vom Schwarm umkreist und auf ein nahe gelegenes Feld getrieben. Mit großem Geschrei stürzte sich der Schwarm auf die Jungen und hackte auf sie ein.

Zahme Saatkrähen können lernen, die menschliche Sprache nachzuahmen.

Wahrsager

Der Rabe gilt auch als Symbol der Veränderung. In der nordischen Mythologie hatte der Gott Odin zwei Raben, die ihn über die Ereignisse auf der Welt informierten. Sie saßen auf seinen beiden Schultern und hießen Huginn und Muninn (Gedanke und Gedächtnis). In alten Zeiten führten die dänischen Feldherren den „magischen Raben“ in der Standarte. Seine Flügel sollten den Ausgang einer Schlacht voraussagen: Hingen sie herab, so würden die Dänen besiegt werden. Breitete er sie aber aus, war der Sieg gewiss.

Tiere in Symbolen

In allen Kulturen der Welt werden Tiere seit alten Zeiten als Symbole benutzt. Manchmal stehen sie für bestimmte Charakterzüge, z.B. „schlau wie ein Fuchs", „diebisch wie eine Elster". Aber auch im übertragenen Sinn haben Tiere symbolische Bedeutung. Die Römer trugen den Adler auf ihren Standarten als Zeichen großer Ehre. Wenn wir Tiere und ihre Eigenschaften genau beobachten, können wir viel über uns selbst lernen.

Stolz wie ein Pfau

Diese Redensart stammt daher, dass die Schwanzfedern eines Pfaus sehr schön sind, und dass er sie auch gern zur Schau stellt.

Totempfähle

Die amerikanischen Indianer schnitzten Totempfähle, die Geschichten erzählen. Jedes Haus hat seinen eigenen Totempfahl. Er zeigt an, wer darin lebt und welchen Stand die Familie in der Gemeinschaft hat. Die Tiere auf dem Totempfahl sind Symbol des Stammes, so wie eine Fahne Symbol eines Staates ist. Vögel und Tiere wurden aber auch geschnitzt, um bestimmte Verhaltensweisen, Kräfte oder Fähigkeiten darzustellen, die die Menschen sich wünschten. Das *Potlatch* ist eine große, feierliche Zeremonie, bei der neue Pfähle aufgestellt werden, um den Gastgeber zu ehren. Manche Totempfähle erzählen auch Legenden des Stammes. Dies ist die Bedeutung einiger Tiere auf Totempfählen:

- Pferde – Treue und Zuverlässigkeit
- Kolibris – Freude
- Rehe – Sanftmütigkeit
- Habichte – Verständigung
- Büffel – Überfluss, Reichtum

Krafttiere

Die Indianer und auch andere Völker glauben, dass alle Wesen der Erde miteinander verbunden und voneinander abhängig sind: Menschen, Tiere, Vögel, Pflanzen. Um als Volk ein glückliches Leben zu führen, müssen die Menschen im Gleichgewicht mit den anderen Wesen der Schöpfung leben. Wenn wir genau hinsehen, können wir von jedem Geschöpf etwas lernen. In vielen Kulturen wählten sich Menschen „Krafttiere". Das sind Tiere, die dem jeweiligen Menschen vom Wesen und von ihren Stärken her ähnlich sind. Sie können auch Eigenschaften besitzen, die der Mensch sich wünscht. Jede Person hatte zwei bis neun Krafttiere. Beruft ein Mensch sich auf die Kraft eines solchen Tiers, so versucht er das Tier zu verstehen und etwas von ihm zu lernen. Wird z.B. der Wolf als Krafttier gewählt, so ist der entsprechende Mensch ein Lehrer oder eine Führungsperson, bei dem Verstand und Instinkt eng verbunden sind.

Andere Merkmale des Wolfes sind, dass er seine Familie schützt, treu und zuverlässig ist und sich gut verteidigen kann.

So findest du deine Krafttiere

Du kannst wahrscheinlich am meisten von den Tieren lernen, vor denen du dich fürchtest oder die du besonders gern hast. Beantworte die folgenden Fragen, dann sieh dir einige der Tiere an, die unten auf der Seite vorgestellt werden. Vielleicht sind ja welche für dich dabei.

1) Welches von allen Tieren der Welt interessiert dich am meisten?
2) Wenn du in den Zoo gehst: Welches Tier möchtest du zuerst besuchen?
3) Begegnen dir bestimmte Tiere immer wieder in deinem Leben?
4) Vor welchen Tieren hast du Angst? Manchmal verlieren wir die Angst, wenn wir verstehen, woher sie kommt. Dann kann Kraft an die Stelle der Angst treten.
5) Träumst du öfter von bestimmten Tieren oder von einem einzelnen Tier?
6) Sammelst oder malst du Bilder von bestimmten Tieren?
7) Hast du Bilder von bestimmten Tieren in deinem Zimmer aufgehängt?
8) Sagen manchmal andere, dass du sie an ein bestimmtes Tier erinnerst?
9) Welches Tier bewunderst du am meisten?

Giraffen

strecken sich, um Neues zu entdecken

•

sehen die Dinge aus einem anderen Blickwinkel

•

verlassen sich auf ihr Gefühl, handeln nach ihrem Instinkt

•

denken voraus, wenn sie etwas tun oder planen

Kängurus

springen bei Gefahr schnell davon

•

brauchen ein sicheres Zuhause

•

schützen die Schwächeren

•

können sich gut an Veränderungen anpassen

Stinktiere

haben Selbstachtung

•

sind mutig

•

haben Selbstvertrauen

•

haben ein gutes Gefühl für ihre eigenen Energien und Stärken

Eidechsen

sehen ihren Ängsten ins Gesicht

•

können ihre Träume beherrschen

•

wissen, dass sie sich selbst heilen können

•

nehmen sich selbst nicht so wichtig

Nashörner

fühlen sich auch mit sich selbst wohl

•

kennen sich selbst gut

•

vertrauen auf ihre Instinkte

•

besitzen viel alte Weisheit und nutzen sie

Tasmanische Teufel

können sich selbst gut verteidigen

•

verteidigen ihr Revier und kämpfen für ihre Rechte

•

wissen, wann und wofür sich ein Kampf wirklich lohnt

Schnecken

wissen, dass es wichtig ist, eine Spur zu hinterlassen

•

meinen, dass Langsamkeit manchmal etwas Gutes ist

•

wissen, dass Rückzug manchmal die beste Verteidigung ist

•

bewegen sich ständig weiter, auch wenn sie nur in ganz kleinen Schritten vorankommen

Möwen

haben gelernt, sich von Problemen zu lösen und sie „von oben" zu betrachten

•

schließen Freundschaften

•

handeln verantwortungsbewusst

•

verlassen sich auf die Kräfte, die in der Natur wirken

Der Geist der Tiere

Unsere Krafttiere verlassen uns nie. Sie gehen Seite an Seite mit uns durch das Leben, führen und bewachen uns. Wenn dir mehrere Tiere eingefallen sind, überlege genau, zu welchem du dich am meisten hingezogen fühlst. Das kann durchaus dein „inneres" Tier sein, das dich lehrt, auf deine eigenen Gefühle zu hören.

Immer mehr Menschen verstehen, dass Körper, Geist und Seele eine Einheit bilden und dass unsere Gedanken und Gefühle Auswirkungen auf unseren Körper haben – und umgekehrt. Wenn wir nicht auf unsere Gefühle hören, wenn wir unser tiefstes Inneres verleugnen, dann sind wir nicht das, was wir sein könnten.

Tiere in Träumen

Träume sind Botschaften unseres Unterbewusstseins. Die Bilder in unseren Träumen sind oft Symbole für unsere Gedanken und Sorgen. Tiere kommen oft in Träumen vor. Sie können für unsere Stärken und Schwächen stehen, sie können aber auch auf bestimmte Dinge hinweisen, mit denen wir uns in unserem wachen Leben beschäftigen. Wenn du träumst, dass ein Löwe dir den Weg versperrt, so könntest du im wachen Leben vor einem großen Problem stehen.

Tierische Träumer

Forscher haben entdeckt, dass man erkennen kann, wann ein Lebewesen träumt. Dazu zeichnen sie die REMs auf (Rapid Eye Movement = schnelle Augenbewegungen). Auch Tiere träumen. Es ist bewiesen, dass Tiger und andere Raubtiere mehr träumen als ihre Beutetiere, z.B. Rehe. Katzen und Hunde brummeln im Schlaf und zucken mit den Beinen.

Unsere Träume sind ein Teil von unserem Wesen, jeder Mensch hat seine eigenen Träume.

Fang deine Träume ein!

Ob wir uns erinnern oder nicht, alle Menschen träumen mehrmals in jeder Nacht. Du kannst die Erinnerung an deine Träume trainieren.

1) Sag dir vor dem Schlafengehen dreimal: „Ich will mich an meine Träume erinnern."
2) Leg ein Notizbuch und einen Stift an dein Bett. Schreib deine Träume gleich nach dem Aufwachen auf. Bald wirst du sehen, dass verschiedene Träume miteinander zusammenhängen.
3) Manchmal wacht man mitten aus einem Traum heraus auf. Bewegt man den Kopf, verschwindet er. Leg dich wieder genau so hin, wie du aufgewacht bist. Vielleicht kommt der Traum zurück.

Nur du selbst kannst deine Träume verstehen. Traumbotschaften sind stets Symbole, und jeder Mensch hat seine eigenen Symbole. Unten auf der Seite findest du verschiedene Tiere und einige Hinweise, was sie im Traum bedeuten könnten.

Tiere spielen in unserem wachen Leben eine große Rolle. Es ist nicht überraschend, dass wir ihnen auch im Traum begegnen.

Pavian

Wenn du von einem Pavian träumst, passiert dir vielleicht bald etwas Gutes. Für eine junge Frau bedeutet der Pavian eine glückliche Ehe. Grundsätzlich bringen Paviane Glück, Erfolg und vielleicht auch einen Aufstieg. Sie sind auch ein gutes Vorzeichen für neue, große Vorhaben.

Vögel

Vögel haben verschiedene Bedeutungen. Ein toter oder verletzter Vogel kündigt Sorgen an. Ein verletzter Raubvogel dagegen bedeutet, dass die Sorgen bald vorüber sein werden. Singende, fliegende und bunte Vögel sind Vorboten von Glück und Freude.

Schlange

Die Giftschlange kann dich darauf hinweisen, dass du mit falschen Freunden zu tun hast. Sie kann auch einen Familienstreit oder eine peinliche Situation voraussagen, vielleicht weil du gelogen hast. Wenn du im Traum eine Schlange tötest, dann ist das ein Symbol für einen Sieg über einen Feind.

Stachelschwein

Wenn du von einem Stachelschwein träumst, begegnet dir vielleicht bald ein Mensch, den du gern näher kennen lernen möchtest, dem du aber nur schwer nahe kommen kannst. Es kann auch bedeuten, dass gute Ereignisse auf dich zukommen, du aber vorher eine schwere Zeit durchstehen musst.

Fisch

Weil Fische im Wasser schwimmen und Wasser ein Symbol für die Gefühle ist, bringen Fische stets Botschaften von den Gefühlen. Sie wollen dir vielleicht sagen, dass du dir deine Gefühle mehr bewusst machen sollst.

Frosch

Von einem Frosch zu träumen, ist ein gutes Zeichen, denn er bringt Freundschaft und Glück mit sich. Hört man sie im Traum quaken, so bedeutet das, dass zu Hause und in der Gesellschaft alles prima läuft. Frösche können auch Zeichen von Ruhe und Zufriedenheit sein. Außerdem sind sie ein Symbol für ehrliche Freunde, die dich mögen und verstehen.

Känguru

Siehst du im Traum ein Känguru, dann gehst du vielleicht bald auf eine Reise. Ein Traum von einem springenden Känguru sagt eine Reise im Flugzeug voraus. Ist das Känguru weiblich, wird die Reise abenteuerlich werden. Kämpfende Kängurus weisen auf drohende Rückschläge hin.

Tiere in der Religion

Viele Religionen sind entstanden, weil die Menschen Antworten auf Fragen suchten: wer wir sind, warum es uns gibt, woher wir kommen und in welche Richtung wir weitergehen sollen. Oft wurden Tiere als Symbole für wirkliche oder religiöse Dinge verstanden, manchmal wurden auch sie selbst als Götter verehrt. In einigen Ländern hielt man die heiligen Tiere in Tempeln. Wenn sie starben, wurden sie mit einer besonderen Zeremonie bestattet.

Katzen

In der Vergangenheit wurde die Katze manchmal als Gottheit verehrt. In Siam glaubte man, dass beim Tod des Königs seine Seele auf eine Katze überging. Solange die Katze lebte, ruhte die Seele sich dort aus. Beim Tod der Katze wanderte die Seele weiter ins Paradies. Die Ägypter verehrten die katzenköpfige Göttin Bastet.

Adler

In vielen Kulturen, in denen Himmelsgötter eine Rolle spielen, wird der Adler besonders geehrt. Für die Maya war der Adler, der hoch oben am Himmel fliegt und dabei der Sonne nahe zu sein scheint, ein Sinnbild himmlischer Macht. Die Eingeborenen Australiens dachten, dass der Adler die Seelen der Toten in die Welt der Geister trägt. Im Christentum galt der Adler im Mittelalter als Symbol der Gebete, die zu Gott aufsteigen.

In der griechischen Mythologie wird der Adler Zeus, dem Beherrscher von Donner und Blitz, zugeordnet. Darum glaubten die Griechen, dass ein Adler nicht vom Blitz erschlagen werden könne.

Schlangen

Schlangen gelten als zerstörerisch und böse, als schlau und hinterhältig. Im Christentum symbolisieren sie den Teufel. Die alten Ägypter hatten mehrere schlangenköpfige Götter, von denen jeder eine andere Aufgabe erfüllte. Die Puebloindianer in Südamerika hielten die Schlangen für ein Symbol des Blitzes. Sie benutzten zickzackförmige „Schlangenstöcke“ in ihren Regenzauberritualen.

Bienen

In vielen Religionen sind die Bienen ein Symbol der Unsterblichkeit oder der Wiedergeburt. Im alten Ägypten hielt man die Bienen für die Tränen des Sonnengottes Ra. Die „Große Mutter“ im antiken Griechenland wurde auch Bienenkönigin genannt, und ihre Priesterinnen hießen „melissae“, Bienen. Die Biene ist das Symbol der Gottheiten Cupid und Kama, die beide für die Liebe stehen.

Weil er ein Raubvogel ist, gehört der Adler zu den mächtigsten Vögeln am Himmel.

Widder

Die alten Ägypter sprachen den Sonnengott Ra auch als „großer Widder, mächtigstes aller Geschöpfe“ an. Jedes Jahr zum Fest der Optet wurde ein Boot mit Widderköpfen geschmückt. In Theben war der Widder dem Gott Amon geweiht.

Der schakalköpfige Gott bewacht oft als Statue den Eingang von Gräbern.

Anubis

Der ägyptische Totengott Anubis hat den Körper eines Priesters und den Kopf eines Schakals. Er führt die Seelen der Toten durch die „Halle des Gerichts“, wo ihre Herzen gegen die „Feder der Wahrheit“ aufgewogen werden.

Wasser

Das Element Wasser ist seit jeher Symbol unserer Gefühle und der tiefen, unbewussten Welt unserer Träume, heimlichen Hoffnungen und Ängste. So wie uns unsere innere Welt der Instinkte geheimnisvoll vorkommt, so sind auch die Tiefen der Meere eine Welt, über die wir wenig wissen und in die wir nur schwer gelangen. In den Tiefen des Ozeans leben Tiere, die uns so fremd sind, als kämen sie von einem anderen Planeten. Wasser bedeckt fast zwei Drittel der Erde. Es ist das Zuhause von Millionen von Wesen. Manche davon haben Sinne und Fähigkeiten, die wir nie haben können.

Vor Millionen von Jahren begann das Leben in Form von winzigen Bakterien im Wasser.

Über 500 verschiedene Fischarten haben spezielle Zellen, mit denen sie elektrischen Strom erzeugen können.

Die Antarktis versorgt die Ozeane mit Sauerstoff. Nur so können die vielen Arten überleben.

Lachse

In vielen Ländern wird der Lachs als ein Fisch mit magischen Kräften angesehen. Das hat wahrscheinlich damit zu tun, dass der Fisch sich im Lauf seines Lebens so stark verändert. Nach einer langen Reise zurück an den Ort, wo er selbst zur Welt kam, legt der Lachs seine Eier. Danach altert der Körper des Fisches erstaunlich schnell, der Fisch stirbt bald. Er hat all seine Energie an seine Kinder weitergegeben. Das ist ein Beispiel für eins der größten Mysterien der Erde – dass aus dem Tod neues Leben wächst.

Die große Verwandlung

Lachse wurden oft für Wesen aus einer anderen Welt gehalten, weil sie ihre Gestalt so stark verändern. Ein irisches Märchen erzählt von einem Soldaten, der darüber lachte, dass man den Lachs so bestaunte. Er schwor, er würde einen Lachs fangen und zum Abendessen verspeisen. Tatsächlich fing er einen Fisch. Doch als er sein Messer zückte, um den Fisch zu töten, verwandelte der sich in ein wunderschönes Mädchen.

Wieder und wieder nutzt der Lachs die Kraft seines geschmeidigen Körpers, um über die Stromschnellen zu springen.

Ein großer Teil der Erde gehört den Lachsen, denn zwei Drittel des Planeten sind von Wasser bedeckt, und der Lachs ist im Süßwasser ebenso wie im Salzwasser zu Hause. Lachse legen ihre Eier auf dem Kies am Grund von Bächen und Flüssen im Landesinneren. Wenn die Jungen schlüpfen, sind sie nur einen Zentimeter lang. Sie ernähren sich von den Nährstoffen, die im Dottersack des Eis zurückgeblieben sind. Einige

Lachse lassen sich mit dem Schwanz voran stromabwärts treiben.

Monate später folgen die jungen Lachse einem uralten Trieb und schwimmen flussabwärts zum Meer. Nur die stärksten und gesündesten Fische erreichen schließlich die Weite des Pazifik oder des Atlantik. Nach einem bis fünf Jahren, von der Größe einer Sardine auf etwa 45 cm herangewachsen, macht sich der Fisch auf die große Heimreise. Irgendwie finden die Lachse den Weg aus dem Ozean zurück bis zu genau dem Ort, an dem sie einmal geschlüpft sind. Den ganzen Weg müssen sie flussaufwärts schwimmen, gegen die Strömung. Ein Lachs muss all seine Kraft aufbringen, um nicht wieder ins Meer gespült zu werden. Der Lachs

Spezielle Fischtreppen helfen den Lachsen, Hindernisse auf ihrem Weg zu überwinden.

schwimmt, ohne sich eine Pause zum Fressen zu gönnen. Er weicht den Fischernetzen aus und den Tieren, die an den Ufern auf einen Fang lauern.
Außerdem muss der Lachs noch Stromschnellen und Wasserfälle hinaufspringen. Einen 3 m hohen Wasserfall kann der Lachs in einem Satz bezwingen. Ist der Wasserfall höher, springt er in Etappen von Felsvorsprung zu Felsvorsprung. Auch wenn der Fisch viele Male von der Strömung zurück geworfen wird, gibt er nicht auf. Irgendetwas, das stärker ist als die Müdigkeit, lässt ihn durchhalten.
Wie ein Ritter im Märchen kämpft, um Gefahren zu bestehen und Hindernisse zu überwinden, so kämpft auch der Lachs. Er benutzt

Im alten England war der Lachs der Wächter von Quellen, Teichen und Flüssen.

seine Kraft, seine Geschicklichkeit und seine Zielstrebigkeit, um schließlich den Ort zu erreichen, wo sein Leben begann. Ist der Lachs am Ziel angekommen, sucht er sich einen Partner, der die gleiche Reise hinter sich hat. Später werden hier seine Kinder zur Welt kommen und sich auf die gleiche abenteuerliche Reise durch das Leben wagen.

Die Kraft des Lachses

Ein Häuptling der Dakotaindianer hatte eine wunderschöne Tochter. An der Wand seiner Hütte hing ein mächtiges Elchgeweih. Der Häuptling ließ verbreiten, dass derjenige, der dieses Geweih zerbrechen könne, seine Tochter zur Frau bekommen sollte. Alle Tiere versuchten ihr Glück, doch niemandem gelang es. Schließlich blieb nur der Lachs übrig. Er brach das Geweih in fünf Teile, verlangte seinen Preis und zog mit der Häuptlingstochter davon.

Kleine Helfer

Blinde Lachse werden manchmal von einem sehenden Artgenossen geführt. Man hat beobachtet, dass einige Lachse sogar eine Art Code verwenden. Ein Stups am Schwanz bedeutet: nach rechts schwimmen. Ein Stups am Kopf dagegen lenkt den Blinden nach links.

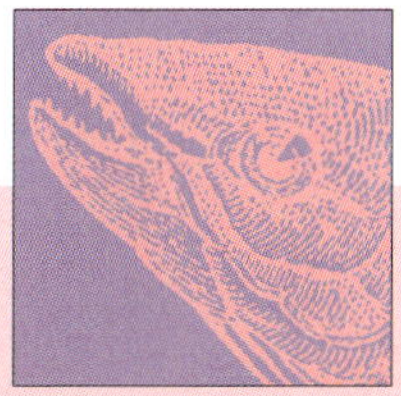

LACHSABENTEUER

Ein Lachs, der in einem Fischzuchtbecken geschlüpft war, wurde 9 km entfernt in einen Küstenstrom gesetzt. Man wollte ausprobieren, ob der Lachs zu seiner Geburtsstätte zurückfinden würde. Der Lachs schwamm einen Bach aufwärts und unter einer Autobahn hindurch. Dann kam er an einen Abwasserkanal. Diesen schwamm er 24 m hoch bis zu einem kleineren Kanal. Am Ende dieses Kanals schloss sich ein 10 cm dickes Rohr an, das 76 cm senkrecht in die Höhe führte. Der Lachs sprang das Rohr hoch und gelangte so in den Überlauf, der zu seinem Zuchtbecken führte. Auf dem Überlauf aber war ein Deckel. Mit einigen kräftigen Stößen drückte er ihn weg und erreichte so sein Ziel.

Blauband-Tintenfisch

Der Blauband-Tintenfisch wird nur etwa 10 cm groß. Dennoch sterben durch ihn in den Gewässern um Australien jedes Jahr mehr Menschen als durch Haie. Er ist aber ebenso scheu wie alle anderen Tintenfische und greift nur an, wenn er gestört oder aufgehoben wird. Er beißt mit seinem papageienähnlichen Schnabel zu und tötet seine Beute mit giftigem Speichel. Sein Speichel verdaut die Nahrung schon teilweise, ehe sie in den Magen gelangt.

Riesenkrake

Um 1930 wurde der 15.000 Tonnen große norwegische Tanker Brunswick dreimal von einem Riesenkraken angegriffen. Jedes Mal schlang der Krake seine Fangarme um den Schiffsrumpf und versuchte, das Schiff abwärts zu ziehen. Im II. Weltkrieg ankerte ein Trawler der britischen Admiralität vor den Malediven im Indischen Ozean. Ein Mitglied der Mannschaft stand an Deck und angelte, als er ein schimmerndes, grünes Licht im Wasser sah. Ihm wurde klar, dass er in das Auge eines Riesenkraken blickte. Der Seemann erzählte, dass das Tier längsseits neben dem 53 m langen Schiff lag und es an beiden Enden noch weit überragte.

Tintenfischaugen sehen genauer als Menschenaugen, weil sie keinen blinden Fleck haben. Außerdem haben sie zweimal so viele lichtempfindliche Zellen. Wahrscheinlich können sie Einzelheiten schärfer sehen.

Tintenfische

Vor den Tintenfischen, die auch Teufelsfisch genannt werden, fürchten sich viele Menschen. Trotz all der Schauergeschichten sind die Tintenfische sehr scheu. Tieren, die größer sind als sie selbst, gehen sie meist aus dem Weg. Wenn ein Tintenfisch Angst hat, verändert er seine Farbe – so wie ein Mensch rot oder blass werden kann.

Tintenfische verstecken sich gern. Sie zwängen ihre großen Körper durch die kleinsten Öffnungen in leere Muschelschalen, Flaschen und Felsspalten. Manchmal wohnen sie Wochen lang in diesen Verstecken und kehren nach jedem Jagdausflug dorthin zurück. Dabei kommen sie immer aus einer anderen Richtung. Sie machen Umwege, um Hindernisse zu umgehen.

Weil Tintenfische ihr Verhalten einer veränderten Situation anpassen können, hält man sie für die klügsten Wirbellosen. Sie lernen durch Erfolg und Irrtum, und sie wenden das Gelernte an, um Probleme zu lösen. Das ist besonders wichtig in Situationen, in denen ein gutes Ortsgedächtnis und Orientierungssinn gefragt sind.

Ein Oktopus hat acht Arme, die ringförmig um seinen Mund angeordnet sind.

Seepferdchen

Seepferdchen sind eine sonderbare Laune der Natur. Sie sind eigentlich Fische, schwimmen aber senkrecht durchs Wasser. Die kleine Flosse mit dem gelben Rand auf ihrem Rücken treibt sie voran. Sie bewegt sich so schnell, dass man sie kaum sehen kann.

Seepferdchen können sich mit ihrem Schwanz fest halten. Sie ändern ihre Farbe, um sich der Umgebung anzupassen.

Diese kleinen Meerestiere haben einen geschwungenen Hals und einen Kopf wie ein Pferd. Sie können sich wie Affen mit dem Schwanz festhalten und wie Chamäleons die Farbe wechseln. Ihre Augen lassen sich einzeln bewegen, so kann ein Seepferdchen in zwei Richtungen gleichzeitig sehen. Es gibt etwa 40 verschiedene Seepferdchenarten. Die kleinsten sind nur 2,5 cm groß, die größten werden bis 60 cm lang. Man findet die vielfarbigen Tiere in fast allen warmen Meeresgebieten der Welt.

Neu geborene Seepferdchen sind durchsichtig. Man kann ihr Herz schlagen sehen.

Seepferdchen schwimmen selten schneller als 0,0165 km/h. Ungewöhnlich ist, dass bei den Seepferdchen das Männchen die Jungen ausbrütet. Es hat einen Bauchbeutel, ähnlich wie ein Känguru, in den das Weibchen die Eier legt. 45 Tage lang trägt das Männchen die Brut bei sich. Eines Tages schlüpft ein kleines Seepferdchen heraus, dann noch eins und noch eins. Schließlich treiben hunderte von ihnen wie Konfetti zur Wasseroberfläche.

Schwimmblase

In seinem Leben muss das Seepferdchen einer Gefahr aus dem Weg gehen: spitzen Gegenständen. Zum Schwimmen besitzen die Tiere im Inneren ihres Körpers eine Blase, die mit Gas gefüllt ist. Entweicht nur eine winzige Menge von diesem Gas, sinkt das Seepferdchen hilflos auf den Meeresgrund. Dort muss es warten, bis sein Körper genug neues Gas gebildet hat, dass es wieder schwimmen kann.

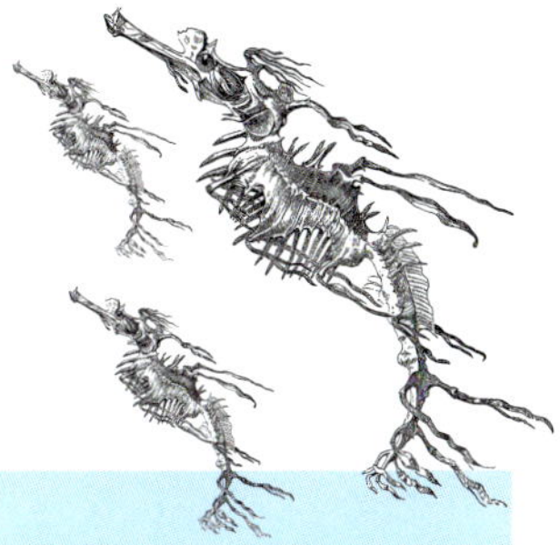

Schwarze Magie

Die alten Griechen glaubten, dass Seepferdchen die Kunst der schwarzen Magie beherrschten. Wein, in dem ein Seepferdchen eingelegt war, galt als tödliches Gift. Und die Asche von Seepferdchen, gemischt mit Honig und Essig, wurde als Gegenmittel gegen andere Gifte verwendet. Der römische Autor Plinius riet, Seepferdchenasche als Heilmittel bei Kahlköpfigkeit, Warzen und Bissen von tollwütigen Hunden zu verwenden.

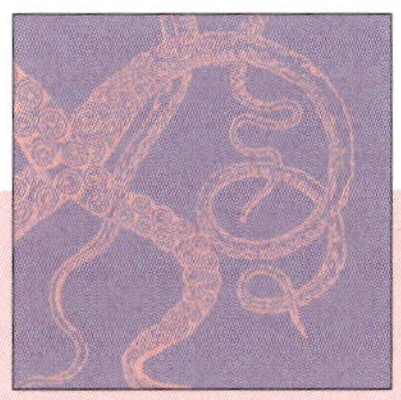

ÜBERLEBENSKAMPF

Obwohl sich Seepferdchen so perfekt ihrer Umgebung anpassen können, müssen sie um ihr Überleben kämpfen. Jedes Seepferdchenpaar bringt tausende von Jungen hervor. Davon überleben durchschnittlich nur zwei bis zum Erwachsenenalter. Sie sind in Gefahr, von Tunfischen, Krebsen oder Rochen gefressen zu werden. Wenn ein Sturm aufkommt, können ihre zarten Körper leicht gegen Felsen oder auf den Strand geschleudert werden, oder sie sterben einfach vor Erschöpfung. Und wenn sie all diesen Gefahren entgehen, dann werden sie womöglich von den Menschen gefangen und in ein Aquarium gesetzt.

Gerettet

Im März 1991 fiel auf einem Frachter aus Südkorea ein Seemann über Bord. Sechs Stunden lang konnte er sich am Panzer einer großen Wasserschildkröte festhalten. Als der Mann geborgen wurde, hievten die Retter auch die Schildkröte an Deck. Sie bekam eine üppige Mahlzeit aus Fleisch und Bananen.

Schildkrötenrennen

Vor langer Zeit machten der Hase und die Schildkröte ein Rennen. Der Hase rannte, so schnell er konnte. Doch immer, wenn er die Schildkröte überholt hatte, sah er sie bald wieder vor sich. Schließlich gab der Hase erschöpft auf, die Schildkröte hatte gewonnen. Wie? Ganz einfach: Auf jedem Hügel saß eine andere Schildkröte, um ein Stück des Rennens zu laufen.

An Land bewegen sich Wasserschildkröten wie die meisten Vierbeiner vorwärts, indem sie ihre Gliedmaßen abwechselnd bewegen.

Wasserschildkröten

Die meisten Wasserschildkröten bewegen sich an Land wie auch die Landschildkröten sehr langsam und schwerfällig. Ihre Beine können den Körper nicht besonders gut tragen, ein großer Teil ihres Gewichtes schleift darum über den Boden. Schildkröten sind überall zu Hause, denn sie tragen ihr Haus mit sich herum. Wenn Gefahr droht, ziehen sie Kopf und Beine in den schützenden Panzer zurück.

Wasserschildkröten leben überall auf der Welt, in Salzwasser und in Süßwasser, aber auch in Sümpfen, Feuchtgebieten und sumpfigen Wäldern. Wie die Landschildkröten gehören sie zu den Reptilien. Ihre Vorfahren lebten noch vor den Dinosauriern. Schildkröten tragen einen schützenden Panzer aus Horn. Der obere Teil wird von den Rippen und der Wirbelsäule gestützt. Die größte Schildkrötenart der Erde ist die Lederschildkröte, die bis zu 360 kg schwer werden kann. Ihre Flossen haben eine Spannweite von bis zu 2,5 m.

Die Moschusschildkröte sondert einen unangenehmen Geruch ab, wenn sie in Gefahr ist.

Die meisten weiblichen Schildkröten legen ihre Eier in Gruben, die sie in Sand oder Erde scharren. Durch Sonnenwärme werden die Eier ausgebrütet. Die grüne Meeresschildkröte schwimmt hunderte von Kilometern weit, um ihre Eier dort zu legen, wo sie selbst zur Welt kam. Mit ihren

Teichschildkröten graben Kammern in die Uferböschung, in denen sie Winterschlaf halten.

vorderen Flossen scharrt sie den Sand beiseite, bis eine Grube entsteht, die groß genug für ihren Körper ist. Wenn sie sich in die Grube legt, ragt ihr Körper nicht mehr über den Sand hinaus. Dann gräbt sie ein etwa 40 cm tiefes Loch unter ihrem Schwanz, legt ihre Eier hinein, deckt sie zu und kehrt zurück ins Meer. Nach zwei bis drei Monaten schlüpfen die Jungen, kriechen ans Licht und laufen direkt zum Meer.

Viele überleben diesen Weg nicht. Die Häuser und Hotels an der Küste sind hell erleuchtet. Dadurch werden die kleinen Schildkröten verwirrt. So laufen sie auf die Lichter zu und sterben.

Man hat die Schildkröten wegen ihres Fleisches, ihrer Panzer und ihrer Eier gejagt, aber auch gefangen und als Haustiere verkauft. Heute stehen viele Arten unter Naturschutz.

Manche Fluss-Schildkröten können Stunden lang unter Wasser bleiben, ohne einmal Luft zu holen.

Schnappschildkröten sind sehr aggressiv. Sie können ihren Kopf blitzschnell vorschnellen.

Schöpfungsgeschichte

Viele Naturvölker glauben, dass die Erde auf dem Rücken einer Schildkröte geboren wurde. Einige Indianerstämme bezeichnen Nordamerika als „Schildkröteninsel". Ihre Legenden erzählen, dass die Erde einmal ganz mit Wasser bedeckt war. Da trug eine große Schildkröte Erde auf ihrem Rücken aus dem Wasser, damit die Menschen festen Boden hatten, auf dem sie sicher leben konnten.

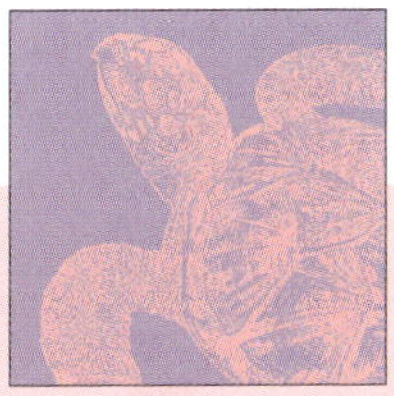

ADELITAS REISE

Wissenschaftler der Universität Arizona, USA, brachten am Panzer der Meeresschildkröte Adelita einen winzigen elektronischen Sender an. Am 10. August 1996 setzten sie das Tier in der Nähe der Stadt Santa Rosalita in Mexiko ins Meer. Mit dem Sender konnten sie den Weg der Schildkröte verfolgen. Sie wollten beweisen, dass Schildkröten weite Reisen bis zu den Plätzen zurücklegen, wo sie ihre Eier ablegen. Um Neujahr befand sich die Schildkröte nördlich von Hawaii, und am 31. Juli 1997 endete ihre weite Reise in Japan – 15.000 km von Mexiko entfernt.

Das Schildkrötenhaus

Ein „Schildkrötenhaus" ist ein Ort auf dem Meeresgrund, zu dem Schildkröten schwimmen, um sich von kleinen Fischen putzen zu lassen. Die Schildkröten kommen regelmäßig hierher und sitzen geduldig mit geschlossenen Augen und eingezogenen Flossen still, während kleine Fische ihnen den Panzer sauber fressen. Manchmal recken die Schildkröten auch genüsslich den Kopf vor, um sich auch den Nacken säubern zu lassen.

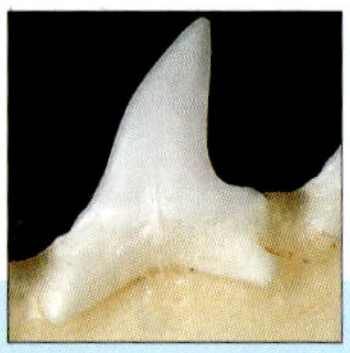

Haifischzähne

Haie benutzen ihre Zähne zum Beißen und zum Herausreißen von Fleischbrocken. Sie können nicht kauen. Die meisten Haie haben mehr als vier Zahnreihen. Wenn die vorderste Reihe abgenutzt ist, schiebt sich die nächste nach vorn und ersetzt sie. Etwa alle zwei Wochen bekommen Haie auf diese Weise neue Zähne, das sind etwa 24.000 Zähne in ihrem ganzen Leben.

Haimensch

Einige Könige werden auf antiken Bildern halb als Hai und halb als Mensch dargestellt. Im Britischen Museum von London kann man Bonzereliefs sehen, die den König von Benin auf diese Weise zeigen. Im Trocadero in Paris sind Statuen der Könige von Dahomey mit geschuppten Körpern zu bewundern. Auch vom Präsidenten der Fidschiinseln, Ratu Sir Ganilau, sagt man, dass er von dem Haifischgott Dakuwaqa abstammt. Nach seinem Tod im Dezember 1993 verließ ein Boot mit seinem Sarg den Hafen von Suva, das von einer Gruppe Haifische begleitet wurde.

Lebensgemeinschaft

Trotz ihren Rufes haben Haie auch Freunde, die buchstäblich an ihnen hängen und sie überall hin begleiten. Schiffshalter sind kleine Fische, die sich mit einem Saugnapf an ihrem Kopf an den Haien festhalten. Sie reinigen die Haut des Hais von Parasiten. Als Belohnung bekommen sie etwas von der Beute des Hais ab. Ein Hai zeigt sich als guter Jäger, wenn er zwei oder mehr Schiffshalter miternährt.

Haie

Seit 350 Millionen Jahren leben Haie in den Meeren der Erde. Wir Menschen halten sie seit jeher für gefährliche Raubtiere. Haie haben einen ausgezeichneten Geruchssinn. Ein Hai kann einen Geruch in der Verdünnung 1:50 Millionen aufnehmen und verfolgen. Haie reagieren auch auf die kleinste Bewegung im Wasser. Besonders von unregelmäßigen Bewegungen fühlen sie sich angezogen.

Es heißt, dass Haie Menschen töten. Tatsächlich kommen jährlich weltweit weniger als 100 Angriffe von Haien auf Menschen vor, und in den meisten Fällen werden die Menschen nicht ernsthaft verletzt. Für diese Angriffe ist der Menschenhai verantwortlich, denn dies ist die einzige Art, die in flaches Wasser kommt. Weitere gefährliche Arten sind der Hammerhai, der Tigerhai, der Mako, der Blauhai und der Grundhai. Der Grundhai liegt auf dem Meeresgrund, sodass man ihn kaum von seiner Umgebung unterscheiden kann. So kann ein Schwimmer leicht versehentlich auf den Fisch treten und einen Angriff provozieren. Der große Weiße Hai wird als Mörder der Meere besonders gefürchtet. Man nennt ihn auch den „weißen Tod". Nur wenige Menschen haben ihn gesehen, weil er fast nie in flaches Wasser kommt.
Haie haben außer den Menschen und anderen Haien keine natürlichen Feinde.

Ein großer Weißer Hai kann bis zu 6 m lang werden.

Haie haben sich über 400 Millionen Jahre zu gefährlichen Raubtieren entwickelt. Ein Hai kann Geräusche 1,5 km weit hören, er kann 27 m weit sehen und er kann Bewegungen im Wasser noch in 90 m Entfernung spüren.

Wenn ein Hai nicht jagt, schwimmt er mit offenem Maul, um Plankton hinein strömen zu lassen.

Der große Weiße Hai hat dreieckige, rasiermesserscharfe Zähne.

Einer Blutfährte kann ein Hai über viele Kilometer folgen.
Es gibt über 250 verschiedene Hai-Arten. Durch die Jagd verringert sich die Zahl der Tiere aber erheblich. Jeden Tag werden 164.300 Haie getötet, das sind zwei in jeder Sekunde. Ihr Fleisch wird gegessen, ihre Lebern zu Öl verarbeitet. Aus ihrem Knorpel stellt man Medikamente her, aus anderen Teilen Kosmetika. Sechs

Die Mosesflunder

Als Moses die Wasser des Roten Meeres teilte, um die Israeliten ans andere Ufer zu führen, blieb ein kleiner Fisch in der Mitte auf dem Trockenen liegen. Die vielen Füße traten ihn platt. Diese Fische, die auch Mosessohle genannt werden, sondern eine milchige Flüssigkeit ab, die ein Abwehrmittel gegen Haie ist. Die Flüssigkeit enthält ein Gift, das Haie lähmt.

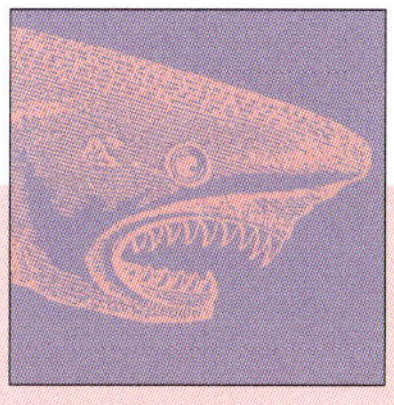

GROSSER APPETIT

Als Wissenschaftler einen großen Grauhai zerlegten, fanden sie in seinem Magen das Hinterteil eines Schweins, acht Schafsbeine, die vordere Hälfte eines Hundes und 136 kg Pferdefleisch. Ein anderer Bericht erzählt von der Mannschaft eines alten Dampfers, die einen Hai mit Zeitungen, einer Keksdose, einem in Stoff gewickelten Ziegelstein, einem Sack Kohlen, einer Holzkiste und einem kaputten Wecker fütterte. Auch andere Gegenstände hat man schon in den Mägen von Haien gefunden, z.B. Schuhe, Brieftaschen, Stücke von anderen Haien, einen Führerschein, Hunde, den Huf einer Kuh, ein Hirschgeweih, ein unverdautes Huhn und eine kleine Schubladenkommode.

Manche Haie können Blut auf 500 m Entfernung riechen.

Millionen Blauhaie werden jährlich unabsichtlich gefangen. Sie verfangen sich in den Schleppnetzen der Hochseefischer. Haie sorgen für ein Gleichgewicht zwischen den verschiedenen Fischarten. Nehmen wir sie aus der Nahrungskette heraus, so werden bestimmte Fischarten seltener werden. Sie werden dann von Fischen gefressen, die früher von den Haien gefressen wurden.

Die Augen eines Hammerhais liegen an den äußeren Enden seines flachen, breiten Kopfes. Dadurch kann er besser sehen, was an seinen Seiten und hinter ihm geschieht.

Wale

Walatem

Wale atmen Luft. Wenn sie tauchen, müssen sie also den Atem anhalten. Manche Wale können bis zu 45 Minuten lang tauchen. Wenn sie auftauchen, atmen sie ein. Die Luft, die sie ausatmen, hat sich im Körper der Tiere erhitzt. Trifft sie auf die kalte Außenluft, bildet sich eine Dampfsäule, die bis zu 4,50 m hoch sein kann. Diese Dampfsäule sieht man, wenn der Wal „bläst“.

Schiffshalter

Der Schiffshalter, ein Fisch, der sich mit Saugnäpfen an größeren Fischen festhalten kann, forderte den Wal zu einem Rennen heraus. Grampus, der schnellste Schwimmer des Meeres, sollte voranschwimmen und Schiedsrichter sein. Beim Start versteckte sich der Schiffshalter unter einer von Grampus' Flossen. Als der Wal ankam, war der Schiffshalter schon da. So erklärte sich der Wal bereit, in Zukunft den Schiffshalter zu tragen. Seitdem sieht man an Walen häufig Schiffshalter kleben.

Als das Raumschiff Voyager in den Weltraum flog, um die Nachricht zu verbreiten, dass es auf der Erde Leben gibt, hatte es auch Bandaufnahmen von vielen Geräuschen an Bord: Musik, den Klang von Gedanken, Grüße in 60 verschiedenen Sprachen – und den Gesang der Buckelwale. Diese Gesänge umfassen viele unterschiedliche Frequenzen. Die tiefsten von ihnen kann das menschliche Ohr gar nicht hören.

Wale verständigen sich mit pfeifenden und zwitschernden Lauten. Der Pfiff eines Blauwals kann 188 Dezibel laut sein; das ist mehr als der Lärm eines startenden Flugzeuges. Der männliche Buckelwal kann länger als eine halbe Stunde ohne Pause singen. Oft singen die Mitglieder einer Gruppe das gleiche Lied. Ganz exakt wiederholen sie Ton für Ton, Takt für Takt. Manchmal bricht eine Gruppe auch mitten in einem Lied den Gesang ab und schwimmt aus ihren Überwinterungsgewässern nach Süden. Wenn sie ein halbes Jahr später zurückkehren, nehmen sie das Lied wieder dort auf, wo sie es unterbrochen haben. Die Gesänge verändern sich. Jeden Monat, jedes Jahr kommt etwas hinzu, als ob die Wale die Geschichte ihres eigenen Lebens erzählen würden.

Der Blauwal ist das größte Säugetier, das je auf der Erde gelebt hat.

Der Buckelwal hat einen gebogenen Unterkiefer mit etwa 22 Kerben.

Der amerikanische Biologe Roger Payne hat ausgerechnet, dass zwei Wale, die ganz tiefe Töne von sich geben, sich um die halbe Erdkugel herum miteinander verständigen können.

Wir Menschen haben eine Sprache. Wale verständigen sich seit jeher in den Weiten der Ozeane mit diesen Gesängen. Durch den Lärm unserer Schiffsmotoren, Echolote, Waffentests und Tiefflieger machen wir Menschen ihnen die Verständigung immer schwerer. Überall in den Tiefen des Meeres gibt es nun unnatürliche Geräusche, 24 Stunden am Tag. Forscher haben entdeckt, dass Grauwale an der Küste Kaliforniens große Umwege schwimmen, um Lärmquellen aus dem Weg zu gehen.

Der männliche Narwal trägt an seinem Maul ein spiralförmiges Horn.

Sie versuchen in flacheres Wasser auszuweichen. Das ist wahrscheinlich der Grund, warum in letzter Zeit so viele Wale stranden.
Wale senden Töne aus und empfangen das Echo. Auf diese Weise finden sie ihre Nahrung, ihren Weg und ihre Artgenossen. Klänge und Vibrationen werden unter Wasser verstärkt. Für Tiere mit einem so empfindlichen Gehör ist es eine Qual, in einer von künstlichem Lärm durchdröhnten Umgebung zu leben.
1992 fand man vor Neufundland Wale. Man vermutete, dass Sprengungen beim Bau von Bohrinseln ihr Gehör geschädigt hatten. Ohne Gehör sind Wale „blind".
Die Meere der Welt gehören den Lebewesen, die dort zu Hause sind. Wenn wir diesen Lebensraum benutzen wollen, sollten wir das behutsam und überlegt tun.

Pottwale tauchen auf der Suche nach Nahrung bis zu 1.000 m tief.

Walinsel

In manchen Ländern glaubt man, die Erde würde von einem riesigen Wal auf dem Rücken getragen. Wenn er sich bewegt, gibt es ein Erdbeben. In den slawischen Volksmärchen wird die Welt von vier Walen getragen. Es gibt auch viele Geschichten von Seeleuten, die den Rücken eines Wals für eine Insel hielten, dort an Land gingen und ein Feuer machten, um sich eine Mahlzeit zu kochen. Als der Wal die Hitze spürte, tauchte er unter, und die Seeleute ertranken.

Walgeburt

Wale werden mit dem Schwanz zuerst geboren. Wie alle Säugetiere atmen sie Luft. Würden junge Wale mit dem Kopf voran zur Welt kommen, so würden sie gleich ertrinken. Wenn ein Waljunges geboren ist, wird es von der Mutter oder einem anderen Wal sofort an die Wasseroberfläche gebracht, damit es atmen kann.

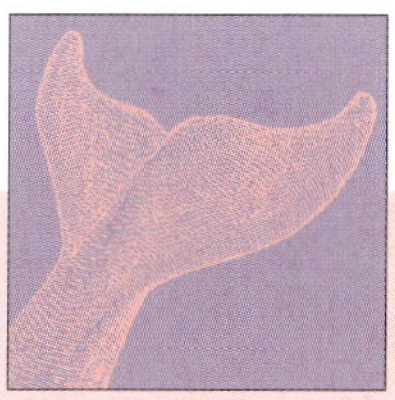

STERN DES OSTENS

Das Walfangschiff „Stern des Ostens" war 1891 vor den Falklandinseln auf Fahrt. Bald entdeckte die Mannschaft einen Wal. Zwei kleine Boote wurden ins Wasser gesetzt, um den Wal mit der Harpune zu schießen. In dem folgenden Kampf gingen zwei Seemänner über Bord. Einer ertrank, der andere verschwand plötzlich. Schließlich wurde der Wal gefangen und zerlegt. In seinem Magen fand man den vermissten Seemann James Bartley. Er war bewusstlos, aber am Leben. Bartley erholte sich nach einigen Wochen von diesem Erlebnis. Seine Haut aber war durch die Magensäure des Wals weiß gebleicht worden. Sie blieb bis zum Ende seines Lebens so hell.

Delfine

Der Delfin ist von Natur aus ein Botschafter. Viele Male hat er die Gesetze der Natur umgekehrt und die Gesellschaft der Menschen gesucht, statt vor ihnen zu fliehen. Es gibt viele Geschichten über Delfine, die Menschen vor dem Ertrinken gerettet haben, die Freundschaft mit Menschen schlossen und sie sogar auf dem Rücken trugen. Schon der römische Schreiber Plinius berichtet von einem Delfin, der bei der Siedlung Hippo von einem Jungen geritten wurde.

Warum kommen Delfine in die Buchten und Flussmündungen und suchen den Kontakt zu den Menschen? Warum erzählen so viele Menschen, die mit Delfinen zu tun hatten, von ihrer erstaunlichen Freundlichkeit? Manche Menschen, die mit Delfinen arbeiten, berichten, dass von ihnen eine wunderbare Energie ausgeht, die uns beruhigen und heilen kann. In Asien nennt man diese Energie „chi". Im antiken Griechenland war das Töten eines Delfins ein Verbrechen, das mit dem Tode bestraft wurde.

Es gibt 32 Delfinarten, alle gehören zur Familie der Wale. Man findet sie in allen Meeren der Welt und auch in den Flüssen einiger tropischer Länder. Es gibt Delfine in verschiedenen Farben. Ihr Körper ist stets stromlinienförmig, und alle Arten haben ein langes, schnabelartiges Maul und einen buckligen Kopf. In diesem Buckel befindet

Delfine überall

Schon 2.200 v. Chr. entstanden in Norwegen Höhlenmalereien, die Delfine zeigen. Die Wände des Palastes von Knossos in Griechenland sind mit Delfinfresken bedeckt. Überall auf der Welt, von Europa über Asien bis Amerika, findet man Delfine auf Münzen, Keramik und Statuen. Geschichten und Lieder erzählen von ihnen. Eine römische Münze aus dem Jahre 74 v. Chr. zeigt einen Jungen, der auf einem Delfin reitet.

Gute Lehrer

In einem Institut in Key Largo in Florida, USA, arbeiten Delfine mit schwer lernbehinderten Kindern. Sie spielen sanft mit den Kindern in Meerwasser-Schwimmbecken. Nach einer Stunde solcher Spiele sind die Kinder oft viel kreativer und offener für ihre Umgebung. Auch die Verständigung der Kinder, ihr Lernverhalten und ihr sonstiges Benehmen verbessert sich durch diese Spiele deutlich.

Delfine sind kleine Verwandte der Wale.

Delfine sind sehr lernfähig. Ihre Vorführungen in Zoos sind bei Kindern und Erwachsenen beliebt.

sich ein Fettpolster, das vermutlich hilft, Schallwellen zu bündeln. Die spitz zulaufende Schnauze hat eine geschwungene Öffnung, der Unterkiefer steht ein Stück über den Oberkiefer hinaus. Dadurch sehen Delfine oft so aus, als würden sie lächeln. Delfine haben eine empfindliche Haut, die leicht verletzt werden kann. Wie die Wale finden sich auch Delfine mithilfe von Schallwellen zurecht. Sie pressen Luft durch ein System aus Klappen und Ventilen, das direkt hinter ihrem Atemloch liegt. So können sie mindestens 32 verschiedene Töne erzeugen. Die hohen Töne der Delfine haben unter Wasser nicht so eine große Reichweite wie die tiefen Töne der Wale. Viele der Töne sind so hoch, dass menschliche Ohren sie nicht hören können. Wir brauchen Geräte, um sie aufzuzeichnen.

Anders als die meisten anderen Säugetiere werden Delfine mit dem Schwanz zuerst geboren.

Navigationssystem

Delfine orientieren sich, indem sie klickende Geräusche abgeben. Diese Geräusche werden von anderen Objekten zurückgeworfen, und der Delfin empfängt das Echo. Viele Delfine verirren sich in Fischernetze, weil diese kein Echo geben. So erkennen die Delfine das gefährliche Hindernis nicht.

OPERATION SONNENBLUME

1974 schwamm Dr. Horace Dobbs zusammen mit einem wilden Delfin im Meer. Diese Begegnung hatte bedeutende Folgen. Er gründete eine Organisation, die das Leben der Delfine erforscht. Ende der 80er-Jahre brachte Dr. Dobbs einen Mann, der seit Jahren an schweren Depressionen litt, mit dem Delfin Simo zusammen. Nachdem der Mann mit Simo geschwommen war, sagte er, er hätte viel Zuneigung gespürt. Jahrelang hatte er das Haus nur ungern verlassen. Am nächsten Morgen lief er an den Strand, um wieder mit dem Delfin zu baden. Daraufhin gründete Dobbs die „Operation Sonnenblume“, die depressive Menschen mithilfe von wilden Delfinen behandelt.

Delfine schwimmen sehr schnell, zum Fressen tauchen sie nur flach ein. Mehrmals in der Minute tauchen sie zum Atmen auf.

Einsiedlerkrebse

Einsiedlerkrebse leben in leeren Schneckenhäusern. Oft nehmen sie eine Seeanemone als Untermieter auf. Diese saugt sich außen am Schneckenhaus fest und wird zum Leibwächter des Krebses. Mit ihren langen, giftigen Fangarmen schützt sie ihn vor Räubern. Wenn der Einsiedlerkrebs in ein anderes Haus umzieht, klopft er als Warnung gegen die Seeanemone, dann nimmt er sie zu seiner neuen Behausung mit.

Heike

Zu Beginn unserer Zeitrechnung kämpften in Japan zwei Familien erbittert um die Herrschaft: die Heike und die Genji. In einer Seeschlacht unterlagen die Heike. Aus Verzweiflung darüber warfen sich alle Mitglieder der Familie ins Meer, wo sie in Krebse verwandelt wurden. Es heißt, dass seitdem die Krebse die angedeuteten Gesichtszüge der Heike auf den Panzern tragen.

Krebstiere als Symbol

Für die Buddhisten symbolisiert die Krabbe den Schlaf des Todes. In Afrika ist sie ein Symbol des Bösen. Der Hummer ist im Osten ein gutes Omen. Für die alten Griechen war der Krebs ein heiliges Tier, in China gilt er als Zeichen des Wohlstands und der glücklichen Ehe.

Krabbenmarsch

Auf Jamaika leben Landkrebse in Felshöhlen. Einmal im Jahr ziehen sie zur Fortpflanzung an den Strand. In langen Prozessionen ziehen sie zum Meer. Dabei krabbeln sie über alles, was in ihrem Weg liegt – sogar über Häuser.

Krebse

Das griechische Wort für Krebs war „karkinos“, das lateinische Wort ist „cancer“. Beide stammen von dem alten indischen Wort „crenate“ ab, das Krachen oder Brechen bedeutet. Aus unerklärlichen Gründen haben Krebse einen schlechten Ruf. Wahrscheinlich sind die gefährlich aussehenden Scheren daran schuld. Doch die Tiere sind harmlos und gehen Menschen lieber aus dem Weg.

Es gibt Krebse und Krabben in allen Größen. Die kleinsten sind nur 1,25 cm lang, die japanische Riesenkrabbe kann einen Scherenabstand von 40 cm haben. Meerestiere werden vom Wasser getragen, darum brauchen sie kein stützendes Skelett wie die Landlebewesen. Große Seespinnen kommen niemals an Land, weil ihre langen Beine außerhalb des Wassers ihren Körper nicht tragen könnten. Im Wasser fallen Bewegungen aber schwerer als in der Luft. Deshalb haben die Tiere im Lauf von Jahrtausenden Formen entwickelt, die dem Wasser wenig Widerstand bieten: Sie sind flach und stromlinienförmig.
Die meisten Krabben und Krebse schwimmen nicht. Sie laufen über den Meeresboden. Krebse bewegen sich seitwärts viel flinker als vorwärts oder rückwärts.

An der Art der Scheren kann man viel über die Lebensweise eines Krebses ablesen. Langsame Krebse, die sich von Muscheln ernähren, haben starke Scheren, mit denen sie die Schalen aufknacken können. Einige Krebse haben so starke Scheren, dass sie damit die Hand eines Menschen durchkneifen könnten. Krebse, die bewegliche Beute fressen, haben Scheren mit gezackten Kanten.

Die Winkerkrabbe hat eine riesige, gefährlich aussehende linke Schere.

Hummer

Hummer tragen, wie Krebse, ihr Skelett auf der Außenseite ihres Körpers. Dieser natürliche Panzer schützt ihre inneren Organe. Die Muskeln sind an seiner Innenseite befestigt. Hummer gibt es in vielen Farben: gelb, grau, grünlich braun, blass orange, blau und gefleckt.

Der Hummer trägt sein Skelett auf der Außenseite des Körpers, sein Nervensystem liegt am Bauch und die Nieren direkt hinter der Stirn. Das Gehirn eines Hummers hat etwa die Größe eines Stecknadelkopfes. Es besteht aus zwei Teilen, von denen einer oberhalb und einer unterhalb seines Halses liegt. Er hört mit den Beinen. An ihnen wachsen feine Sensorhaare, die Schwingungen unter Wasser auffangen. Und er schmeckt mit den langen Antennen, die er an seinem Maul trägt.

Wenn ein Hummer wächst, wirft er seinen Panzer ab. Das geschieht etwa 25- bis 30-mal in seinen ersten sieben Lebensjahren. Wenn er sich häutet, versteckt sich der Hummer in einer Felsspalte. Sein Körper und seine Muskeln werden weich und schlackerig.

Ein Hummer hat seine Zähne im Magen.

Der Panzer bricht auf, und das schutzlose Tier kommt zum Vorschein. Der Körper, der jetzt extrem weich und verletzlich ist, saugt nun Wasser auf. Nach wenigen Stunden ist er deutlich größer geworden. Die äußere Haut härtet schnell zu einem neuen Panzer aus.

Verlorene Beine

Würdest du es merken, wenn dir ein Bein oder ein Arm verloren ginge? Ganz sicher! Wenn ein Hummer ein Bein, eine Schere oder eine Antenne verliert, lebt er weiter, als wäre nichts geschehen. Das Körperteil wächst einfach wieder nach. So kann ein Hummer auch ein Bein einfach abwerfen, um sich von einem Räuber loszureißen und zu entkommen. Dies ist ein Hinweis darauf, dass der Hummer ein einfaches Nervensystem hat. Schmerzen können nur höhere Lebewesen empfinden.

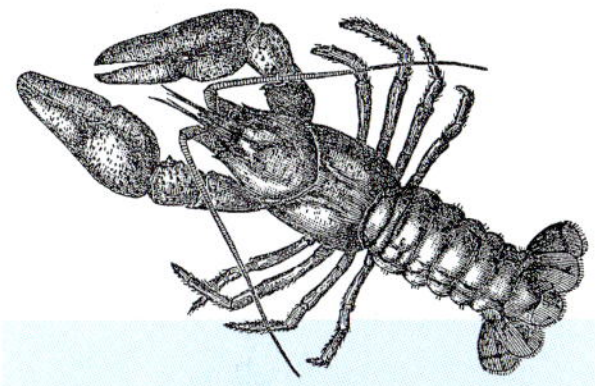

Hummerzug

Hummer bleiben meist an einem Ort. Die Hummer auf den Bahamas ziehen jedoch in jedem Herbst in tieferes Wasser. Um größere freie Strecken zu überqueren, schließen sich 50 oder mehr Tiere zusammen. Jedes hakt seine Vorderbeine um den Schwanz des davor laufenden Hummers. Dann laufen sie schneller über den Meeresgrund, als ein Mensch schwimmen kann. Eine Hummerkette legte so die Rekordstrecke von 362 km zurück.

Hummer und Krabben sind Aasfresser. Sie fressen alle möglichen Reste, die auf dem Meeresboden liegen geblieben sind. Sie ernähren sich auch von Muscheln und Fischen.

Breites Grinsen

Ein Krokodil kann in beiden Kiefern bis zu 40 spitze Zähne haben. Wenn es das Maul schließt, passen die Zähne genau zusammen. So kann das Krokodil eine Beute perfekt festhalten. Wenn die spitzen Zähne abgenutzt sind, werden sie durch neue ersetzt, die dahinter schon gewachsen sind. Nach der Mahlzeit ruht sich das Nilkrokodil mit offenem Maul aus. Dann kommen kleine Vögel, die ins Maul des Krokodils hüpfen und ihm die Nahrungsreste zwischen den Zähnen herauspicken.

Krokodilprobe

In alter Zeit führte man in arabischen Ländern mit Verdächtigen die Krokodilprobe durch. Der Angeklagte wurde in eine Grube mit Krokodilen geworfen. Kam er unverletzt wieder heraus, so galt dies als Beweis seiner Unschuld. Man braucht wohl kaum zu erwähnen, dass die meisten Menschen für schuldig befunden wurden. In Westafrika galt es schon als Zeichen der Schuld, wenn jemand von einem Krokodil angegriffen wurde. Man glaubte, die Krokodile wären die Seelen ermordeter Menschen, die Rache nehmen wollten.

Krokodile

Man hat versteinerte Krokodile gefunden, die 65 Millionen Jahre alt waren. Damals lebten noch Dinosaurier auf der Erde. Tatsächlich sind Krokodile die Nachkommen der prähistorischen Archosaurier. Krokodile sind geschickt, sie lernen schnell und sie können sich blitzschnell bewegen.

Obwohl Krokodile zu den klügsten Reptilien gehören, haben sie ein sehr kleines Gehirn. Das Krokodil verlässt sich auf seine Ausdauer und Kraft, um seine Beute zu überwältigen. Wenn es still im Wasser liegt, sieht es wie ein treibender Holzstamm aus. Wenn ein Reh oder ein anderes kleines Säugetier zum Trinken ans Flussufer kommt, schlägt das Krokodil es mit einem einzigen Schwanzhieb bewusstlos. Dann packt es das Tier und hält es so lange unter Wasser, bis es ertrinkt. Der Schwanz macht ein Drittel des Gewichtes eines Krokodils aus. Krokodile greifen alles an, was sich dem Wasser nähert. Das können auch Arme und Beine eines Schwimmers sein. Krokodile haben große Kraft in ihren Kiefern. Wenn sie sie zusammenklappen, können sie einem kleineren Tier damit die Knochen brechen. Ist der Kiefer aber geschlossen, hat er keine Kraft. Ein Mensch kann dann einem Krokodil mit einer Hand das Maul zuhalten. Die gefährlich aus-

Die Augen von Krokodilen leuchten im Dunkeln rot.

Ein Krokodil zieht seine Beute unter Wasser. Dann dreht es sie hin und her und reißt dabei große Stücke Fleisch ab.

Wie alle Reptilien sind auch Krokodile Kaltblüter.

sehenden Zähne eines Krokodils eignen sich zum Reißen, aber nicht zum Kauen. Nilkrokodile arbeiten beim Fischfang zusammen. Sie bilden aus ihren Körpern einen Damm. Größere Beutetiere werden von einem Tier festgehalten, während ein anderes es in Stücke reißt. Krokodile sind die U-Boote der Natur. Sie können bis zu einer Stunde unter Wasser bleiben. Ein System von Ventilen sorgt dafür, dass kein Wasser in

Ohren, Nase und Atemwege eindringen kann, wenn das Tier taucht. Die Augen sitzen oben auf dem Kopf. Sie bleiben über dem Wasserspiegel, während der Rest des Körpers unter Wasser liegt. Krokodile können unter Wasser ausgesprochen gut sehen. Winzige Kristalle in ihren Augen fangen jedes Fünkchen Licht ein. Beim Schwimmen paddeln die Krokodile nicht mit den Beinen. Sie schlagen den mächtigen Schwanz hin und her, um sich rasch vorwärts zu bewegen.
Ein mittelgroßes Krokodil kann 4,5–7 kg Steine in seinem Magen haben. Krokodile schlucken Steine, um durch ihr Gewicht besser unter Wasser bleiben zu können. Die Steine dienen auch zum Zerkleinern der Nahrung.

Amerikanische Alligatoren leben in Sümpfen. In der Trockenzeit, wenn die Sümpfe austrocknen, ziehen sie sich in Erdlöcher zurück, in denen der Boden feucht bleibt.

Krokodile und Alligatoren

Ein Krokodil hat ein längeres Maul als ein Alligator. Wenn die Kiefer geschlossen sind, steht auf beiden Seiten der vierte Zahn des Unterkiefers heraus. Beim Alligator sieht man keine Zähne. Das Wort Alligator stammt von dem spanischen Wort für Eidechse, „el largato“. Wenn du dies einige Male schnell hintereinander sagst, wirst du merken, dass es sich genau wie „Alligator“ anhört. Alligatoren sind kleiner als Krokodile, man findet sie nur in Amerika.

KROKODILSTRÄNEN

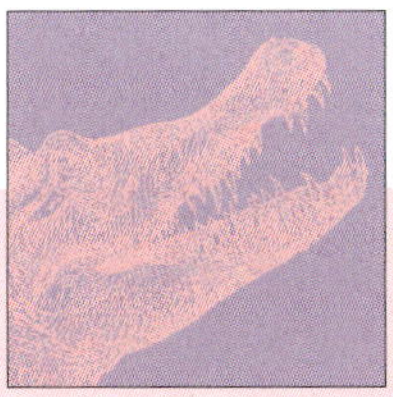

Lange Zeit dachte man, dass Krokodile wie Menschen jammern und seufzen, um Beutetiere anzulocken. Wer neugierig war und nachsehen wollte, woher die kläglichen Laute kamen, wurde kurzerhand geschnappt. Manche Indianer glauben, dass ein Krokodil zunächst nur einen Teil seiner Beute verzehrt. Dann unterbricht es seine Mahlzeit und vergießt einige „Krokodilstränen“, ehe es weiterfrisst. In Wirklichkeit frisst ein Krokodil nur so viel, wie es im Ganzen verschlucken kann. Den Rest schleppt es in ein Versteck unter Wasser. Mit der Zeit verrottet die Beute und wird weich. Dann kann das Krokodil auch den Rest verschlingen.

Wasserspeicher

Wenn es in den Wüsten Zentralaustraliens einmal regnet, kommen kleine Frösche aus ihren unterirdischen Verstecken geschossen. Aus losen Hautlappen bilden sie Taschen, in denen sie Wasser auffangen. So sammeln sie mehr als ihr halbes Gewicht als Vorrat. Da es bis zum nächsten Regen Jahre dauern kann, bilden die Frösche nun eine Art Membran um ihren Körper aus, welche die Verdunstung verhindert.

Froschparlament

Das Quaken einer großen Gruppe Frösche nennt man auch Froschparlament – viel Lärm ohne Ergebnis. Vor langer Zeit bat das Froschparlament den griechischen Gott Zeus, er möge ihnen einen König geben. Der König kam. Zuerst warf er ein Stück Holz in den Teich. Das laute Platschen beeindruckte die Frösche sehr. Aber nach einer Weile wurde der Froschkönig faul. Die Frösche hatten diesen König satt und baten den Gott um einen neuen. Diesmal schickte Zeus einen Storch, der alle Frösche fraß.

Frösche und Kröten

Frösche und Kröten gehören zu einer Tiergruppe, die man Amphibien nennt. Sie können an Land und im Wasser leben. Vor Jahrhunderten betrachtete man diese Tiere als Glücksbringer. Wer eines tötete, dem stand ein großes Unglück bevor. Vielleicht kommt das daher, dass Frösche und Kröten sich nie weit vom Wasser entfernen – und Wasser war immer ein kostbares Gut.

Im alten Ägypten waren die Frösche Symbol für neues Leben und Auferstehung. Der Grund dafür kann die große Veränderung sein, die Frösche im ersten Teil ihres Lebens durchmachen. Aus einem geleeartigen Ei wird eine Kaulquappe – ein kleiner, runder Körper mit Kiemen an beiden Seiten des Kopfes, mit einem Schwanz und ohne Beine. Langsam schrumpft der Schwanz, kleine Beine wachsen. Die Kiemen bilden sich langsam zurück, und an ihrer Stelle wachsen Lungen. Amphibien leben an Land und im Wasser. Sie haben eine sehr empfindliche Haut, durch die sie auch Sauerstoff aufnehmen. So sind Frösche aber auch durch Düngemittel und chemische Verunreinigungen im Wasser gefährdet. Auch die Veränderungen der Ozonschicht, durch die mehr ultraviolette Strahlung auf die Erde gelangt, ist gefährlich für Frösche.

Es gibt über 2.500 verschiedene Arten von Fröschen und Kröten.

Mit ihren langen Beinen springen die Frösche von Seerosenblatt zu Seerosenblatt, immer auf der Jagd nach Fliegen.

Sie kann zu Mutationen (Veränderungen des Erbgutes) führen, sodass z.B. Frösche ohne Augen, mit fehlenden, deformierten oder zusätzlichen Beinpaaren zur Welt kommen.
Frösche und Kröten sind die Freunde aller Gärtner, denn sie fressen viele Pflanzenschädlinge. Weil Frösche und Kröten

Die Haut eines Frosches ist immer feucht, auch bei trockenem Wetter.

unterschiedliche Insekten bevorzugen, können sie gut auf dem gleichen Grundstück zusammen leben.
Beide fressen Fliegen und Asseln, doch Kröten mögen auch gern

Ameisen. Ein Frosch dagegen hat Schnecken lieber. Wenn er ein Insekt entdeckt, schnellt der Frosch blitzschnell seine Zunge vor und schnappt damit das Insekt.
Die Haut von Fröschen ist nicht schleimig, aber stets feucht. Das liegt an speziellen Drüsen, die eine Flüssigkeit bilden, um die Haut weich und geschmeidig zu halten. Kröten haben eine rauere, trockene und oft warzige Haut. Darum können

Manche Frösche und Kröten sind giftig.

sie nicht durch ihre Haut „atmen", wie es Frösche tun. Kröten können dafür an trockenen Plätzen besser überleben.

Kröten verstecken sich am Tag. Sie kommen erst in der Dämmerung heraus, um Fliegen und andere Insekten zu fangen.

Seltsames Wetter

Immer wieder liest man seltsame Berichte, in denen es Frösche oder Kröten regnet. Am 24. September 1973 schrieb die englische Times, dass am Vortag in dem kleinen französischen Dorf Brignoles zehntausende kleiner Kröten vom Himmel gefallen seien. In einem Brief vom 24. Oktober 1683 berichtet der Quäker John Collinges, dass es auf die Stadt Acle in England Kröten geregnet habe.
Im Jahre 4 n. Chr. schrieb der Römer Plinius über einen Froschschauer, der die griechischen Straßen tagelang blockiert habe.

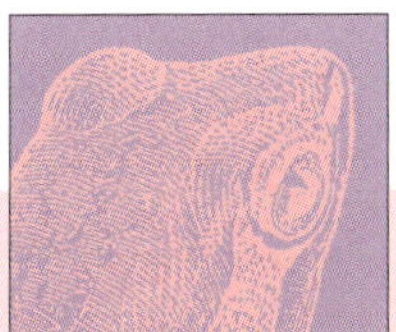

ÜBERLEBENSKUNST

Kröten und Frösche haben eine geradezu ungewöhnliche Fähigkeit, lange Zeiträume in winzigen Nischen zu überdauern. 1719 berichtete die französische Akademie der Wissenschaften von einer mittelgroßen Kröte, die eine Lücke im Stamm einer Ulme vollständig ausfüllte. 1851 zeigte man auf der Weltausstellung einen lebenden Frosch, den man in einem Stück Kohle gefunden hatte. 1865 berichtete der Leeds Mercury, dass eine lebendige Kröte in einem 200 Millionen Jahre alten Stück Sandstein in einem Steinbruch bei Hartlepool Waterworks gefunden worden war. Niemand wusste, wie die Kröte in den Stein gelangt war.

Enten und Gänse

Ente im Eis

Man kann beobachten, dass Enten einander helfen, wenn sie in Schwierigkeiten sind. Eine Ente war einmal mit den Füßen im Eis auf einem Teich eingefroren. Sie quakte jämmerlich. Noch bevor Spaziergänger helfen konnten, kam eine Gruppe Enten. Sie liefen ganz dicht um die festgefrorenen Füße herum. Durch ihre Körperwärme taute das Eis schließlich auf, und die Ente kam wieder frei.

Vater Gans

Die Eltern von einigen Entenküken, die auf einem See in der Stadt lebten, wurden getötet. Ein Ganter (männliche Gans) nahm sich der Kleinen an. Jeden Tag führte er sie zu einem Haus in der Nähe, wo Brot für sie ausgelegt war. Während die Kleinen fraßen, stand der Ganter daneben und sah zu. Er selbst fraß erst, wenn sie satt waren. Dann führte er sie wieder zu dem See zurück.

Enten, Gänse und Schwäne gehören zur gleichen Familie der Wasservögel. Sie leben an Land und im Wasser. Enten haben einen kürzeren Hals und kürzere Beine als Gänse. Beide Arten können an Land nicht besonders gut laufen. Die Beine sitzen sehr weit hinten am Körper. Dadurch kommt das typische Watscheln zustande.

Jedes Jahr nach der Brutzeit ziehen die Gänse in ihr Winterquartier.

Im Wasser sind Enten und Gänse ausbalanciert wie Ruderboote. Mit ihren breiten Füßen mit den Schwimmhäuten paddeln sie, um vorwärts zu kommen. Über Wasser scheinen sie sich mühelos fortzubewegen. Aber unter Wasser bewegen sie die Füße recht schnell. Hast du einmal eine Gruppe Wildgänse am Himmel fliegen sehen? Das Einhalten der V-Formation ist harte Arbeit, besonders für die Gans, die die Spitze bildet. Sie bestimmt die Geschwindigkeit der Gruppe, die Richtung und die Flughöhe. Außerdem muss sie nach Gefahren Ausschau halten. Enten und Gänse fliegen in dieser V-Formation, weil die Luftströmungen des ersten Vogels den übrigen einen zusätzlichen Auftrieb geben. Beim Anführen des Zuges wechseln sich die Vögel ab. Wenn ein Gänseküken schlüpft, prägt sich das erste Objekt, das es sieht, fest in sein Gedächtnis ein. Dies Objekt hält es für einen Verwandten, und es läuft ihm nach. Der Zoologe Konrad Lorenz fand heraus, dass Gänseküken viele Dinge als „Mutter“ annehmen: einen Ball, einen Holzwürfel oder auch einen Schäferhund.

Man glaubt, dass Ganter mit den Gänseküken „reden“, bevor sie aus ihren Eiern schlüpfen.

Wenn Enten nach Futter tauchen, lassen sie sich nach vorn kippen und strecken den Hals ganz lang. Nur der Schwanz schaut dann noch aus dem Wasser heraus.

Schwäne

Schwäne gelten seit langer Zeit als Symbol für Reinheit, Eleganz und Schönheit, aber auch für Treue, Edelmut und Tapferkeit. Mit ihrem schneeweißen, gekräuselten Gefieder und dem langen, geschwungenen Hals sind sie wirklich sehr schöne Vögel. Majestätisch gleiten sie über die Wasseroberfläche, als ob sie nichts erschüttern könnte.

Eine Gruppe von Schwänen besteht immer aus mehreren Elternpaaren mit ihren Jungen. Junge Schwäne sind nicht weiß wie ihre Eltern. Sie haben zuerst ein scheckiges, graues Gefieder. Die Treue der Schwäne ist legendär – aber es gibt sie auch in der Wirklichkeit: Ein Schwanenpaar bleibt ein Leben lang zusammen. Schwäne können sehr zornig werden, wenn jemand oder etwas in ihr Gebiet eindringt. Ein Schlag mit einem Schwanenflügel ist stark genug, um einem Menschen den Arm zu brechen. Auch mit dem Schnabel können Schwäne kräftig hacken und böse

Wenn Schwäne aggressiv werden, strecken sie zuerst den Hals in die Höhe.

Verletzungen hinterlassen. Schwäne sind besonders angriffslustig, wenn sie Junge haben. Dann stürzen sie sich auf alles, das ihnen bedrohlich erscheint.
Schwäne sehen würdig und majestätisch aus. Manche kleinen Vögel scheinen sie deshalb gern zu

Schwäne können bis zu 80 km/h schnell fliegen.

ärgern. Man hat schon Haubentaucher beobachtet, die die Schwäne in den Schwanz zwickten und dann schnell abtauchten. Sobald sich der Schwan abgewandt hat, kommt der kleine Vogel wieder an die Oberfläche und wiederholt seinen Streich.

Markierte Schwäne

In England gehören alle frei lebenden Schwäne entweder dem Königshaus oder den Handelsgilden. Ursprünglich waren sie alle Eigentum der Krone. Im 15. Jahrhundert wurden die Schwäne auf der Themse den Handelsgilden übereignet. Seitdem haben alle Schwäne, die den Gilden gehören, eine Markierung am Schnabel.

Schwanengesang

Lange Zeit glaubte man, dass die Schwäne singen, ehe sie sterben. Ihr Leben lang schweigen sie. Doch ihr Sterbegesang soll so herrlich sein, dass es jedem Zuhörer das Herz bricht. Aus diesem Glauben hat sich die Redensart vom „Schwanengesang“ entwickelt, mit der das letzte große Werk eines Menschen gemeint ist.

Schwäne lernen mit drei Monaten fliegen. Dann brechen sie zum Flug in die Winterquartiere auf.

Pinguin-Abenteuer

Ein schlafender Pinguin wurde einmal auf der Schwelle eines Hauses bei Wellington, auf der nördlichen Insel Neuseelands gefunden. Es war ein Fjordlandpinguin, der eigentlich auf der südlichen Insel zu Hause ist. Zweimal versuchte man, ihn am 84 km entfernten Strand auszusetzen. Beim ersten Mal kroch er in den Transportkäfig und schlief ein. Beim zweiten Mal kehrte er nach 24 Stunden wieder zu dem Haus zurück. Schließlich wurde er mit einem Flugzeug nach Hause gebracht.

Pinguine stehen immer etwas unsicher auf den Beinen. Manchmal fallen sie auch einfach vornüber auf den Bauch.

Pinguine

Pinguine sind die Clowns im Tierreich. Das hat mit ihren Bewegungen und mit ihrem Verhalten zu tun. Wenn sie in großen Gruppen Seite an Seite stehen, ganz still und aufrecht, dann sehen sie aus wie eine kleine Armee, die auf einen Befehl wartet. Obwohl sie Vögel sind, können Pinguine nicht fliegen. Sie brauchen ihre Flügel, um flink durch das Wasser zu schwimmen. Dabei steuern sie mit den Füßen.

Pinguine verbringen die meiste Zeit unter Wasser. An Land kommen sie nur während der Brutzeit und während der Mauser. Ihr Gefieder ist kurz, glänzend und – was besonders wichtig ist – wasserdicht. Kaiserpinguine, die größten Pinguine der Erde, kommen eigentlich nie an Land. Sie versammeln sich auf dem Packeis der Antarktis. Einmal im Jahr legt das Pinguinweibchen ein einziges Ei. Sie kehrt dann ins Wasser zurück, während das Männchen das Ei 64 Tage lang auf seinen Füßen ausbrütet. Adeliepinguine beweisen große Zähigkeit, wenn sie auf die langen Wanderungen über das ewige Eis bis zu ihren Brutplätzen gehen. Dabei legen sie mit ihrem langsamen Watschelgang mehr als 800 km zurück. Die Männchen bewachen die Eier, bis die Jungen schlüpfen. Dann marschieren sie noch einmal 150 bis 250 km zum Meer, um Nahrung zu finden.

Der seltene Galapagospinguin ist die einzige Pinguinart, die in der Nähe des Äquators lebt.

Pelikane

Der Fischfang hat für die Pelikane große Bedeutung. Die großen Vögel schwimmen in flachem Wasser und gehen auf Nahrungssuche. Sie sind aber auch gute Flieger, die schnell aus der Luft herabstoßen können. Die Haut an ihrem unteren Schnabelteil ist sehr dehnbar. Sie bildet einen Beutel, den die Pelikane als Fischernetz benutzen. Pelikane haben einen so großen Appetit, dass sie einen Fisch auch direkt aus der Hand eines Menschen nehmen.

Der Pelikanschnabel

Vor vielen Jahren lebte auf den Fidschi-Inseln ein Fischer. Er knüpfte die größten Fischernetze der Gegend. Der Pelikan, der zu dieser Zeit nur einen einzigen Fisch mit seinem schmalen Schnabel fangen konnte, erzählte dem Fischer von seinem Leid. Da gab dieser dem Pelikan eines seiner Netze, damit der Pelikan so viele Fische wie möglich in einem Schwung fangen konnte.

Der große weiße Pelikan ist gut an das Leben am Wasser angepasst. Mit seinen kurzen, starken Beinen paddelt er vorwärts. Auch wenn er sich vom Wasser aus in die Luft erheben will, braucht er seine Beine. Nach dem etwas plump aussehenden Start ist der Pelikan ein eleganter Flieger.
Der Beutel eines Pelikans

Pelikane leben nahe der Küste oder in Feuchtgebieten an den Ufern von Seen.

funktioniert wie ein Schöpflöffel. Wenn der Pelikan den Schnabel ins Wasser eintaucht, füllt sich der Beutel mit Wasser und Fischen. Hebt er den Schnabel wieder heraus, wird das Wasser herausgedrückt, die Fische bleiben zurück. Pelikane versammeln sich in großen Brutkolonien. Die Jungen werden von beiden Eltern versorgt. Wenn ein weiblicher Pelikan von einem Fischzug auf dem Meer zurückkehrt, würgt sie einen Teil des halb verdauten Fisches wieder in ihren Schnabelbeutel. Aus diesem können die Jungen dann fressen. Wenn sie die letzten Reste erwischen wollen, fallen sie manchmal kopfüber hinein.

Das auffälligste Merkmal eines Pelikans ist der große Beutel, der unter seinem langen Schnabel herabhängt.

Braune Pelikane sind kleiner als die übrigen Arten, auch ihre Jagd verläuft anders. Aus 15 m Höhe schießen sie ins Wasser. Beim Eintauchen krümmen sie den Hals s-förmig, die Flügel drücken sie nach hinten. Am Hals haben sie Beutel, die mit Luft gefüllt sind, um den Aufprall auf das Wasser zu mildern.
Pelikane haben ungewöhnliche Fressgewohnheiten. Ein Ehepaar bekam einmal beim Angeln Besuch von einem Pelikan. Sie fütterten ihn, hatten aber keine Ahnung, wie viel so ein Vogel frisst. Der Vogel fraß und fraß ohne Pause. Schließlich war er so voll, dass er einfach umkippte.

Christus und der Pelikan

Im Mittelalter glaubte man, dass heranwachsende Pelikane gegen die ausgewachsenen Männchen rebellierten. Sie provozierten oft den Vater so sehr, dass er sie tötete. Wenn die Mutter Pelikan zum Nest zurückkehrte, stach sie sich mit den Schnabel in die Brust und erweckte mit ihrem Blut die Jungen wieder zum Leben. Die Christen zogen eine Verbindung zu dem Opfer, das Jesus für die Menschen brachte. Darum findet man wahrscheinlich in so vielen Kirchen den Pelikan als Motiv.

Seehunde

Die Selkie

Die Selkie sind das Sagenvolk der Orkney- und Shetlandinseln nördlich von England. An Land erscheinen sie in Menschengestalt, im Wasser bewegen sie sie sich in Seehundfellen fort. Wenn man eine Selkiefrau fangen will, muss man nur ihr Seehundfell stehlen. Der Clan MacCodum auf North Uist auf den Äußeren Hebriden ist auch als „Silochd nan Ron" bekannt, was auf Deutsch „Nachkommen der Seehunde" heißt.

Seehunde mit ihren großen, verträumten Augen und ihren geschickten Bewegungen im Wasser wirken an Land wie völlig andere Tiere. In vielen Märchen werden ihnen auch magische Kräfte zugeschrieben. An Land schleppen sie sich mühsam mit den Flossen voran, aber im Wasser sind sie elegante Schwimmer, die lange Zeit ohne Luft auskommen und sehr tief tauchen können.

Seehunde können bis zu 30 Minuten unter Wasser bleiben.

Ein Seehundkörper ist torpedoförmig. Unter der Haut hat er dicke Fettschichten.

Seehund-Pflegestation

Seehund-Waisenkinder werden in speziellen Pflegestationen aufgezogen. Sie müssen lernen, ihre Nahrung selbst zu fangen. Nur so können sie in der Wildnis überleben. Large, ein verletzter Seehund, der in einer solchen Station behandelt wurde, fing nur Fische, wenn niemand zusah. Waren Menschen in der Nähe, ließ er sich mit der Hand füttern. Vielleicht wollte er auf diese Weise etwas länger die freie Verpflegung in der Station genießen.

Wenn du versuchst, mit offenem Mund unter Wasser zu schwimmen, wirst du bald hustend und spuckend aufgeben. Ein Seehund kann seine Nasenlöcher verschließen. Starke Muskeln verhindern, dass Wasser in die Atemwege gelangt, wenn er unter Wasser einen Fisch verschluckt. Wenn ein Seehund taucht, verringert sich der Blutfluss zu Herz und Gehirn.

Das englische Wort „seal" für Seehund kommt von dem alten angelsächsischen „seolb", das „schleppen" bedeutet.

Dadurch verbraucht der Seehund weniger Sauerstoff und kann viel länger unter Wasser bleiben. Der Weddellseehund kann 30 Minuten den Atem anhalten und bis zu 460 m tief tauchen. Manche Bootsrümpfe würden durch diesen Druck zerbrechen. Die Jungen der Bartrobben kommen auf den Eisschollen der Antarktis zur Welt. Sie werden sofort ins Wasser gebracht. Noch ehe sie eine Woche alt sind, können sie 250 m tief tauchen und etwa fünf Minuten unter Wasser bleiben.

Flusspferde

Die drittgrößten Landtiere der Erde findet man nur in Afrika: die Flusspferde. Die alten Griechen gaben ihnen ihren wissenschaftlichen Namen („hippos“ bedeutet „Pferd“, und „potamos“ bedeutet „Fluss“), weil sie fanden, dass die Geräusche dieser Tiere an das Wiehern von Pferden erinnerten. Die großen Tiere sind friedlich. Sie werden nur aggressiv, wenn sie gereizt werden. Sie sind an das Leben im Wasser gut angepasst.

Wenn Flusspferde im Wasser liegen, schauen oft nur ihre Nase, ihre Augen und ihre Ohren über die Wasseroberfläche hinaus. Unter Wasser können sie ihre Nasenlöcher verschließen. Ihre Haut sondert eine ölige Flüssigkeit ab, die sie im Wasser schützt. Flusspferde können gut schwimmen und tauchen, und sie können auf dem Grund eines Flusses oder Sees entlanggehen. An Land ernähren sie sich von Gräsern und anderen Pflanzen.

Junge Flusspferde können schon fünf Minuten nach ihrer Geburt schwimmen. Um aber Krokodilen und ihren ziemlich unfreundlichen Vätern auszuweichen, verbringen sie viel Zeit auf dem Rücken ihrer Mütter.

Flusspferde haben genaue Regeln darüber, wer wo im Fluss stehen darf. Die Weibchen und die Jungen stehen in der Mitte. Die Männchen reihen sich an den Ufern auf, wobei jedes einen festen Platz hat. Wenn ein Männchen sich in das Gebiet der Weibchen wagt und eines aufsteht, muss er sich sofort ins Wasser legen. Tut er es nicht, muss er mit einem Angriff der versammelten Weibchen rechnen. Männliche Flusspferde springen mit den Jungtieren oft rüde um. Darum verlangen die Weibchen, dass sie sich hinlegen. So können sie keinen Schaden anrichten.

Das Zwergflusspferd ist wesentlich kleiner als seine Artgenossen. Es lebt auch nicht am Wasser, sondern meist an Land. Nachts frisst es Blätter, Sumpfpflanzen und Fallobst.

Das Zwergflusspferd wird nur halb so groß wie ein normales Flusspferd.

Das Zwerg-Flusspferd ist heute fast ausgestorben.

Rerat

Im alten Ägypten war das Flusspferd eine wichtige Figur. Die Göttin Rerat war eine der Wächterinnen an der Pforte, durch die die Seelen nach dem Tode gingen. Sie wurde oft als Flusspferd dargestellt, das auf seinen Hinterbeinen steht. Die Göttin war auch Symbol der Fruchtbarkeit, darum sieht man auch Abbildungen, auf denen sie schwanger ist.

Rettungsversuch

Ein Kameramann filmte einmal, wie ein Flusspferd versuchte, ein Reh zu retten. Das Flusspferd verjagte das Krokodil, welches das Reh mit dem Schwanz umgeworfen hatte. Dann versuchte es mehrmals, das Tier mit dem Kopf aus dem Wasser zu heben. Schließlich stülpte es sein riesiges Maul über das Maul des Rehs und versuchte, das arme Tier zu beatmen. Trotz aller Bemühungen starb das Reh, und das Flusspferd heulte vor Trauer.

Flusspferde leben in Gruppen von etwa 15 Tieren zusammen, die meist von einem alten Männchen angeführt werden.

Eislöcher

Eisbären fressen gern Seehunde. Der Bär wartet an einem Loch im Eis, in dem er die Luftblasen tauchender Seehunde entdeckt hat. Taucht der Seehund auf, schnappt der Bär zu. Manchmal verschließt der Eisbär auch Eislöcher. So zwingt er die Seehunde, dort aufzutauchen, wo er auf sie lauert. Man hat einmal einen Eisbären beobachtet, der einem entwischten Seehund Eisklumpen nachwarf.

Arktische Vorfahren

Die Lappen nannten den Eisbären früher „Großvater". Eine ihrer Legenden handelt davon, dass der Eisbär ihr Vorfahr war. Für die Völker des Nordens war der Eisbär der König der Tiere. Er war schnell, geschickt, mächtig – und er tötete auch Menschen. Die Menschen, die in der Arktis leben, tragen Kleidung aus Seehundfell. Sie essen Seehundfleisch und sie reiben sich mit Seehundtran ein. Das verwirrt die Eisbären, die Seehundfleisch lieben.

Kleine Bären

Wenn die Eisbärjungen im November oder Dezember zur Welt kommen, sind sie nicht größer als eine Ratte. Tageslicht sehen sie zum ersten Mal im März oder April. Dann sind sie etwa so groß wie eine Katze. Die Redensart „in Form lecken" kommt von dem alten Glauben, dass Bärenjunge als Fellkugel zur Welt kommen.

Eisbären

Der Eisbär ist ein einsamer Jäger. Er streift durch die weiße Wüste seiner arktischen Heimat, er ist der König dieser sturmgepeitschten, feindseligen Landschaft. An Land ist er ebenso zu Hause wie im Wasser. Er ist immer in Bewegung, und mit seinem weißen Fell ist er kaum zu sehen. Wir Menschen bestaunen seine Schönheit und fürchten zugleich seine Kraft.

Kaum ein Lebewesen ist besser getarnt als der Eisbär. Bei Tage kann man ihn in seiner weißen Heimat mit bloßem Auge nicht erkennen. Und in der Dunkelheit sieht man ihn weder mit einem Nachtsichtgerät noch mit einer Infrarotkamera.
Der Eisbär hat ein einzigartiges Fell. Es besteht aus zahllosen hohlen Haaren, die auf der Außenseite glatt und auf der Innenseite rau sind. Wenn Licht am oberen

Eisbären haben auch unter den Fußsohlen Fell. So können sie auf dem ewigen Eis nicht ausrutschen. Wenn es einem Eisbären zu warm wird, springt er ins Wasser, um sich abzukühlen.

Eisbären sind immer in Bewegung. In der Woche legen sie rund 120 km zurück.

Ende in das Haar eintritt, wird es in seinem Inneren mehrfach reflektiert, bis es schließlich auf die schwarze Haut des Eisbären trifft. Schwarz absorbiert mehr Licht und Wärme als alle anderen Farben, darum ist es die perfekte Hautfarbe für das kalte Klima.
Die Haare des Eisbären fangen die warmen Anteile im unsichtbaren Spektrum des Lichtes ein. Gleichzeitig reflektieren sie den größten Teil der sichtbaren Lichtanteile und sorgen so für das leuchtende Weiß. Und das ist noch nicht alles, was das Fell leistet. Im Zentrum jedes Haares liegt eine feine Membran, die das Haar stabilisiert, ohne es schwerer zu machen. So ist das Fell zwar dick und warm, aber ganz leicht. Und schließlich wirken die vielen Luftpolster in den Haaren wie eine Schwimmweste, die dem Eisbären das Schwimmen im eisigen Wasser erleichtert.
Eisbären sind eine der sieben Arten echter Bären. Es ist die einzige Art, die in der Arktis lebt.

Eisbären sind die größten Fleisch fressenden Landtiere.

Warme Bedrohung

Die globale Erwärmung ist für die Eisbären gefährlich. Ein Teil des arktischen Eises ist in den letzten Jahren geschmolzen. Die Seehunde, die Lieblingsnahrung der Eisbären, ziehen ihre Jungen auf diesen Eisschollen groß. Wenn sich nun diese Eisplatten verschieben, verschiebt sich auch die Heimat der Seehunde. Sie müssen aus den Gewässern, in denen sie reichlich Nahrung fanden, wegziehen. Wenn die Anzahl der Seehunde sinkt, finden auch die Eisbären immer weniger Nahrung.

NEUGIERIGE GESCHÖPFE

Eisbären können sehr neugierig und überaus hartnäckig sein. 1969 trieb ein Eisbär auf einer Eisscholle in die Nähe eines Schiffes der kanadischen Küstenwache. Die Mannschaft fütterte ihn mit Zuckerrübensirup, Marmelade, Salami, Erdnussbutter, gepökeltem Schweinefleisch, Schokoriegeln und einem Apfel, den er aber angewidert ausspuckte. Als er kein Futter mehr bekam, kletterte der Eisbär an Bord des Schiffes. Die erschreckten Seeleute wollten den Bären verscheuchen, indem sie Feuerlöschschläuche auf ihn richteten. Das ging schief. Dem Bären gefiel die Dusche noch besser als das interessante Futter. Er hob sogar die Vorderbeine, um sich auch darunter bespritzen zu lassen.

Gute Schwimmer

Eisbären sind sehr gute Schwimmer. Sie springen wie Hunde ins Wasser oder sie lassen sich rückwärts hineingleiten. Ein Eisbär kann bis zu zwei Minuten unter Wasser bleiben. Nur mit den Vorderbeinen schwimmt der Eisbär bis zu 10 km/h schnell. Man hat schon Eisbären 80 km von Land oder Treibeis entfernt gesehen. Einer wurde sogar 322 km vor Grönland gesichtet.

Schwimmende Betten

Direkt unter der Wasseroberfläche breiten sich die Blätter des Seetangs aus, seine Wurzeln sitzen fest im Grund. Wenn Seeotter schlafen gehen, packen sie einige lose Stränge des Seetangs und rollen sich fest darin ein. So können die Otter sicher schlafen, ohne von der Strömung abgetrieben zu werden. Muttertiere halten die Jungen im Arm.

Otter

Otter sind kleine Tiere mit großen Herzen. Sie mögen die Nähe der Menschen, bleiben aber der Wildnis treu. Trotzdem können sie sehr anhänglich sein. Otter sind vor allem sehr neugierig und verspielt. Mit Vergnügen entdecken und erkunden sie alles Neue. Es macht viel Spaß, ihnen dabei zuzusehen.

Auch erwachsene Otter sind verspielt. Sie rutschen gern vergnügt schlammige Flussufer herunter und rennen wieder hinauf.

Otter leben hauptsächlich an Flussufern, aber auch an Meeresküsten. Der Flussotter hat einen langen, schlanken Körper mit glattem, braunem Fell. Bauch und Brust haben eine hellere Färbung. Seine Ohren sind klein, er hat einen langen, kräftigen Schwanz und Schwimmhäute an den Füßen. Flussotter haben eine Körperlänge von 90–120 cm, der Schwanz ist etwa 40 cm lang. Sie leben in einem Bau am Ufer und gehen meist nachts auf die Jagd. Sie brauchen Flüsse mit sauberem Wasser und reichem Fischbestand. Das Fischereirevier eines Otters kann bis zu 10 km lang sein. Seeotter werden etwa 1 m lang, die Schwanzlänge beträgt 25–37 cm. Sie haben ein dichtes, seidig dunkelbraunes Fell, in dem sich eine dicke, wärmende Luftschicht aufbaut.

Junge Otter müssen das Schwimmen von ihren Eltern lernen.

Biber

Biber gehören zu den interessantesten Tieren. Sie sind gesellig und friedliebend und sie arbeiten hart. Sie leben in festen Familienverbänden zusammen und bewohnen meisterhaft gebaute Häuser. Biber sind ausgezeichnete Schwimmer. Sie leben an waldigen Flussufern und ernähren sich von Baumrinde und Zweigen. Das Holz brauchen sie auch zum Bau ihrer Dämme und Biberburgen.

Holzfäller

Biber sind kleine Tiere. Wenn sie sich auf die Hinterbeine aufrichten, sind sie nur 50 cm groß. Trotzdem können sie dicke Bäume fällen. Mit ihren scharfen Zähnen nagen sie den Baum ringsherum ab, bis das Gewicht des Baumes nur noch auf einem winzigen Punkt außerhalb seiner Mitte ruht. Dann warten sie, bis er umkippt.

Ehe Biber eine Familie gründen, suchen sich die Paare einen Fluss und legen dort einen privaten Stausee an. Dazu fällen sie mit ihren scharfen Zähnen Bäume. Die Dämme bestehen aus aufeinander geschichteten Baumstämmen, die mit Schlamm und Steinen abgedichtet werden. Solche Dämme können bis zu 100 m lang und 3–3,5 m hoch sein.
Ist der Damm fertig, beginnen die Biber mit dem Hausbau. Eine Biberburg erinnert an ein indianisches Tipi. Sie hat zwei Eingänge unter Wasser, innen liegt eine Plattform gerade über dem Wasserspiegel. Das Dach besteht aus eng verflochtenem Stroh, das mit Schlamm abgedichtet ist. Wenn der Schlamm ausgehärtet ist, hält er Eindringlinge zuverlässig fern.

Biber haben Schwimmhäute an den Füßen. Ihren abgeflachten Schwanz benutzen sie beim Schwimmen zum Steuern.

Wenn ein Biberpaar sich Zeit lässt, braucht es etwa sechs Monate zum Bau einer Burg. Haben sie es eilig, können sie den Bau auch in einem Monat fertig stellen.

Biber fressen am liebsten die Rinde von Espen und Pappeln. Ihre Zähne hören niemals zu wachsen auf. Biber müssen die Zähne ständig abnutzen, sonst werden sie zu lang.

Wenn ein Biber einen Zahn verliert, stirbt er meist.

Vom Staubecken aus gräbt das Biberpaar eine Reihe von Kanälen bis zu den Bäumen, von denen sich die Familie ernährt. Auf diesen Kanälen werden Zweige zur Biberburg gebracht und dort senkrecht in den Boden gesteckt. So hat die Familie bald einen guten Wintervorrat.
Biber sind gut an das Leben im Wasser angepasst. Ihr dichtes Fell gibt ihnen Schutz vor Feuchtigkeit und Kälte. Sie können die Ohren und die Nasenlöcher verschließen und so bis zu 15 Minuten unter Wasser bleiben.

Der Biberschwanz

Vor langer Zeit breitete sich in dem Wald, in dem alle Tiere lebten, ein Feuer aus. Der Biber rief die Tiere vom Fluss zusammen. Gemeinsam bauten sie einen Damm, um den Weg des Feuers zu überfluten. Um sich vor dem Feuer zu retten, sprangen alle Tiere ins Wasser. Doch ein brennender Baumstamm kippte um und fiel auf den Schwanz des Bibers. Die anderen Tiere zogen ihn schnell unter dem Stamm heraus, doch sein Schwanz blieb für immer flach und unbehaart.

Faszination des Seltsamen

Die meisten prähistorischen Tiere sind ausgestorben, aber einige leben noch unter uns. Manche Floh- und Spinnenarten, Schnecken, Kakerlaken und einige Krabben haben sich seit Jahrmillionen nicht verändert. Auch andere seltsam anmutende Geschöpfe leben auf unserem Planeten. Sie sind ein lebender Beweis für die wunderbare Artenvielfalt, die uns die Natur bietet.

Kasuar

Der große Laufvogel mit dem schwarzen Gefieder ist der einzige Vogel, der einen Panzer hat. Auf seinem nackten blauen Kopf trägt er einen „Helm“ aus grauem Knochenmaterial.

Opossum

Wenn ein Opossum in Gefahr ist, stellt es sich kurzerhand tot. Das kann es so überzeugend, dass sogar eine Meute Hunde die Jagd aufgibt und enttäuscht abzieht. Sind sie verschwunden, steht das Opossum auf und läuft davon.

Quastenflosser

1938 fing ein Fischerboot vor der Küste Afrikas einen sonderbaren Fisch. Er war etwa 1,50 m lang, stahlblau und mit groben Schuppen bedeckt. Bis dahin hatten die Wissenschaftler geglaubt, der Quastenflosser sei seit 65 Millionen Jahren ausgestorben.

Erdferkel

Das Erdferkel hat einen buckligen Rücken, Hasenohren und eine lange, spitze Schnauze. Es lebt in Afrika und ernährt sich von Ameisen und Termiten. Während der Ameisenbär keine Zähne hat, besitzt das Erdferkel 20 wurzellose Zähne, die sein Leben lang nachwachsen.

Okapi

Das Okapi lebt in den tropischen Wäldern Zentralafrikas. Es hat die Beine eines Zebras und den Körper einer Antilope. Es bewegt sich wie eine Giraffe und kann so schnell laufen wie ein Vogel Strauß. Es hat vier Mägen, und seine Augen können gleichzeitig in verschiedene Richtungen sehen. Die durchsichtige Zunge des Okapi ist 35 cm lang.

Schnabeltier

Als Wissenschaftler zum ersten Mal ein totes Schnabeltier gezeigt bekamen, dachten sie, jemand wollte ihnen einen Streich spielen. Das Geschöpf sah aus, als wäre es aus Teilen verschiedener Tiere zusammengesetzt worden. Das Schnabeltier ist ein Säugetier, das Eier legt. Es lebt im Wasser, hat ein Fell, einen Schwanz wie ein Biber, Schwimmhäute an den Füßen und einen Schnabel wie eine Ente. Dieses seltsame Wesen lebt seit 50 Millionen Jahren auf der Erde.

Tapir

Ein Tapir sieht aus, als ob er sich nicht entscheiden könne, ob er ein Schwein, ein Elefant oder ein Nashorn sein möchte. Es ist ein Huftier, geht also auf seinen Zehen. An den Vorderfüßen hat er vier Zehen, an den hinteren aber nur drei. Ein Tapir kann sich unter Wasser verstecken. Dabei benutzt er seinen Rüssel als Schnorchel.

Wenn ein Schnabeltier taucht, tastet es mit seinem empfindlichen Schnabel nach Nahrung.

Tiere und Aberglauben

Als Aberglauben bezeichnet man den Glauben, dass alltägliche Dinge und Ereignisse eine besondere Bedeutung haben. Schon seit Jahrhunderten suchen die Menschen nach Erklärungen für unerklärliche Dinge. So dachten sie, dass manche Tiere wegen ihres fremdartigen Aussehens und Verhaltens für diese Dinge verantwortlich seien. Oft entstand Aberglaube, weil das Verhalten der Tiere falsch verstanden wurde. Hunde heulen manchmal, wenn ihr Herrchen stirbt. So schlossen die Menschen aus dem Geheul eines Hundes, dass bald jemand sterben würde.

Wettervorhersage

Aus dem Verhalten einer Katze leiten manche Leute Vorhersagen über das Wetter ab. Wenn sie sich hinter den Ohren wäscht, soll es bald regnen. Sitzt sie mit dem Rücken zum Ofen, steht eine kalte Nacht bevor. Und wenn sie mit zurückgelegten Ohren durchs Haus flitzt, braut sich ein Sturm zusammen.

Das Leben einer Katze

Um kein Tier rankt sich so viel Aberglaube wie um die schwarze Katze. In einer alten nordischen Sage wird erzählt, dass der Wagen der Göttin Freyja von zwei schwarzen Katzen gezogen wird. Die Katzen dienten der Göttin treu. Zur Belohnung wurden sie nach sieben Jahren in Hexen verwandelt. Noch heute werden schwarze Katzen oft mit Hexerei in Verbindung gebracht.

In Europa gilt es als schlechtes Vorzeichen, wenn eine schwarze Katze den Weg kreuzt. Kam sie auf einen Menschen zu, so sollte das Glück bringen. Lief sie jedoch von ihm weg, so zog sie das Glück von ihm fort. In fast allen Ländern glaubt man, dass Katzen besondere Gaben haben. Man glaubt, dass sie in die Zukunft blicken können und dass sie Geister sehen, die wir Menschen nicht erkennen. Aus diesem Grund wurden schwarze Katzen gern als Maskottchen auf Schiffe mitgenommen. Noch heute versucht man bei Schiffsunglücken, nicht nur die Mannschaft, sondern auch die Schiffskatze zu retten.

Freyja und ihre schwarzen Katzen ziehen durch die Nacht.

Seltsamer Glaube

Auf dieser Seite findest du einige alte Redensarten, von denen du vielleicht schon gehört hast, aber auch manche, die dir neu sein werden.

- Wenn du eine Elster siehst, sieh nicht weg, bis du auch ihren Partner entdeckt hast.
- Sag immer am ersten Tag eines Monats: „Weiße Kaninchen, schwarze Kaninchen." Das soll Glück bringen.
- Wenn sich die Kühe hinlegen, wird es bald regnen.
- Wenn ein Marienkäfer auf deiner Hand landet, sag ihm diesen Vers auf: „Marienkäfer, flieg! Dein Vater ist im Krieg. Deine Mutter ist im Pommerland, Pommerland ist abgebrannt. Marienkäfer, flieg!"

Schwäne

Schwanenpaare bleiben ein Leben lang zusammen. Früher nähten Frauen darum oft eine Schwanenfeder in das Kopfkissen ihres Bräutigams ein. Damit wollten sie die Hilfe der Götter für eine lange, glückliche Ehe erbitten.

Hühner

Wenn die Hühner zu einer ungewöhnlichen Zeit schlafen gehen, besonders am Morgen, soll das einen Todesfall in der Familie ankündigen. Eine Henne, die wie ein Hahn kräht, gilt als böses Vorzeichen, weil sie verhext sein soll.

Käfer

Schwarze Käfer wurden früher als Heilmittel bei Keuchhusten verwendet. Zuerst wurde der Käfer gefangen und in eine kleine Schachtel gesperrt. Diese hängte man dem Kranken um den Hals. Wenn der Käfer in der Schachtel starb, klang der Husten ab.

Spinnen

Eine Spinne zu töten, soll Unglück bringen. Die Bibel erzählt folgende Geschichte: Die Heilige Familie wurde von Soldaten verfolgt und versteckten sich in einer Höhle. Eine Spinne webte ihr Netz im Höhleneingang. Als die Soldaten kamen und das Spinnennetz sahen, dachten sie, die Höhle wäre verlassen. So zogen sie wieder ab.

Eisvögel

Eine blaue Feder von einem Eisvogel soll vor Sturm schützen. Dieser Aberglaube rührt daher, dass die Menschen früher dachten, der Eisvogel würde sein Nest auf dem Wasser bauen und die magische Kraft besitzen, die Wellen zu beruhigen.

Schweine

Man sagt, Schweine können den Wind riechen. Sah man früher ein laufendes Schwein mit einem Strohhalm im Maul, fürchtete man einen Sturm. Besonders Fischer waren in Bezug auf Schweine sehr abergläubisch. Sie sprachen nicht einmal ihren Namen laut aus.

Bären

Früher sah man Bären häufig auf Jahrmärkten. Wenn eine Kuh ihr Kalb oder ein Schaf sein Lamm verlor, dachten die Bauern, dass ein Bär in der Nähe lebe. Das rührt wahrscheinlich daher, dass man früher glaubte, Bären bekämen nur alle sieben Jahre Junge. Und wenn ein Bär Junge hatte, würde dies allen anderen trächtigen Tieren in der Umgebung schaden.

Ameisen

Früher glaubte man, dass emsige Ameisen schlechtes Wetter ankündigten. In Cornwall hielt man Ameisen für Elfen in ihrem letzten Stadium des Lebens auf der Erde. Man glaubte, dass sie viele Veränderungen durchlebten und dabei immer kleiner wurden, bis sie schließlich ganz verschwanden.

Weiße Pferde

In England spuckte man auf den Boden und schrieb mit dem Fuß ein Kreuz in den Sand, wenn man ein weißes Pferd sah. In manchen Gegenden dachte man auch, dass es Glück brachte, wenn man ein weißes Pferd durch das Haus führte.

Elstern

Elstern können Glück oder Unglück bringen – je nachdem, wie viele man sieht.

„Eine für die Sorgen, zwei für die Freude, drei für einen Brief, vier für einen Sohn, fünf für Silber, sechs für Gold. Und sieben für ein Geheimnis, das sonst keiner kennt."

Schlangenkampf

In Chiang Mai in Thailand gibt es einen offenen Zoo. Dort leben die Tiere nicht in Käfigen, sondern sie können sich frei bewegen. In dem Zoo gibt es auch eine Schlangenstation. Im Oktober 1993 griff eine Schlange eine andere an, ein großer Kampf brach aus. Tausende von Schlangen mischten sich ein, darunter auch giftige. Die Wärter konnten die Tiere nicht trennen. In Thailand rankt sich vielerlei Aberglaube um die Schlangen. Ein buddhistischer Mönch erzählte Journalisten, dass man diesen Kampf früher als Zeichen verstanden hätte, dass Thailand bald von Feinden besetzt werden würde.

Tiere in der Astrologie

Die Astrologie ist die uralte Lehre von den Auswirkungen der Sterne und ihrer Position am Himmel auf die Ereignisse auf der Erde. Die Astrologen meinen, dass die Stellung von Sonne, Mond und Planeten in der Geburtsstunde eines Menschen seinen Charakter, seine Fähigkeiten und so auch seine Zukunft bestimmt.

Sternbilder

Die alten Griechen übernahmen einige Sternbilder (Gruppen von Sternen) von den Babyloniern, andere benannten sie nach ihren eigenen Göttern. Der Stier ist ein Sternbild der nördlichen Halbkugel. Es ist das zweite Zeichen des Sternkreises.

Sternkreiszeichen

In der westlichen Astrologie wird das Jahr in zwölf Abschnitte oder Zeichen eingeteilt, die für die Bewegungen der Sterne am Nachthimmel stehen. Manche sind nach Tieren benannt. Wer unter einem solchen Zeichen geboren ist, soll manche Wesenszüge mit dem Tier gemeinsam haben.

Steinbock
22. Dezember – 20. Januar
Der Steinbock arbeitet hart, er braucht den Erfolg. Er ist vorsichtig und mag keine Veränderungen.

Wassermann
21. Januar – 18. Februar
Der Wassermann hat klare, manchmal ungewöhnliche Gedanken. Er kommt gut allein zurecht.

Schütze
23. November – 21. Dezember
Der Bogenschütze liebt Reisen und Veränderungen. Er lernt gern und er mag keine Routine.

Fische
19. Februar – 20. März
Der Fisch ist unbeständig, leidenschaftlich, intuitiv und freundlich. Er besitzt viel Fantasie und Kreativität.

Skorpion
24. Oktober – 22. November
Der Skorpion ist ein treuer Einzelgänger. Er liebt Geheimnisse und er ist einfühlsam und leidenschaftlich.

Widder
21. März – 20. April
Der Widder ist selbstbewusst, mutig und begeisterungsfähig.

Waage
23. September – 23. Oktober
Die Waage liebt Ausgewogenheit und Harmonie. Sie mag keinen Streit und keine Ungerechtigkeit.

Stier
21. April – 21. Mai
Der Stier ist praktisch und zuverlässig, aber sehr starrsinnig. Stiere haben oft eine schöne Stimme.

Jungfrau
24. August – 22. September
Die Jungfrau ist eine Einzelgängerin mit empfindlicher Gesundheit. Sie ist vorsichtig und plant gern voraus.

Zwillinge
22. Mai – 21. Juni
Ein Zwilling ist veränderlich, als wären es zwei Menschen in einem. Er denkt schnell und er kann sich gut anpassen.

Krebs
22. Juni – 22. Juli
Der Krebs liebt sein Zuhause und seine Familie. Er ist sensibel. Wenn er verärgert ist, zieht er sich in seinen Panzer zurück.

Löwe
23. Juli – 23. August
Der Löwe ist warmherzig und großzügig. Er hat eine starke Persönlichkeit und er ist stolz und treu.

Das chinesische Horoskop

Die chinesische Astrologie baut auf dem Geburtsjahr eines Menschen auf. Jedem Jahr ist eines von zwölf Tieren zugeordnet, und jedes Tier hat seine spezielle Bedeutung.

Ratte
Ratten arbeiten hart. Sie sind ehrgeizig und scheu.

Ochse
Ochsen arbeiten hart, aber sie können starrköpfig sein. Sie sind intelligent und feinfühlig.

Schwein
Schweine sind leidenschaftlich. Sie sind gesellig, treu und zuverlässig.

Tiger
Tiger handeln oft impulsiv. Sie lieben das Risiko und sie haben meistens Glück.

Hund
Hunde sind treu, ehrlich, intelligent und anhänglich. Sie können auch starrköpfig sein.

Kaninchen
Kaninchen lieben ein bequemes Leben. Sie sind intelligent, nachdenklich, künstlerisch begabt und sie haben meist Glück.

Hahn
Hähne können gut organisieren. Sie sind diszipliniert, aber manchmal exzentrisch.

Drache
Drachen haben einen starken Willen, sie sind erfolgreich. Sie heiraten entweder früh oder sie leben allein.

Affe
Affen sind eitel und vertrauensvoll. Sie können sehr charmant sein. Junge Affen sind meist etwas verrückt.

Schlange
Schlangen haben viel Energie und Selbstvertrauen. Sie lieben Vergnügen und auch Geheimnisse.

Pferd
Pferde sind beliebt und großzügig, aber unberechenbar. Sie haben ein freundliches Wesen und lieben ihre Freiheit.

Schaf
Schafe sind beliebt, weil sie sanftmütig und fürsorglich sind. Sie sind aber auch leicht zu verletzen.

Der chinesische Tierkreis

Mit dieser Tabelle kannst du herausfinden, unter welchem Tierzeichen du nach dem chinesischen Horoskop geboren bist.

2005	9. Feb 2005 – 28. Jan 2006	Hahn/Holz
2004	22. Jan 2004 – 8. Feb 2005	Affe/Holz
2003	1. Feb 2003 – 21. Jan 2004	Schaf/Wasser
2002	12. Feb 2002 – 31. Jan 2003	Pferd/Wasser
2001	24. Jan 2001 – 11. Feb 2002	Schlange/Metall
2000	5. Feb 2000 – 23. Jan 2001	Drache/Metall
1999	16. Feb 1999 – 4. Feb 2000	Kaninchen/Erde
1998	28. Jan 1998 – 15. Feb 1999	Tiger/Erde
1997	8. Feb 1997 – 27. Jan 1998	Ochse/Feuer
1996	19. Feb 1996 – 7. Feb 1997	Ratte/Feuer
1995	31. Jan 1995 – 18. Feb 1996	Schwein/Holz
1994	10. Feb 1994 – 30. Jan 1995	Hund/Holz
1993	23. Jan 1993 – 9. Feb 1994	Hahn/Wasser
1992	4. Feb 1992 – 22. Jan 1993	Affe/Wasser
1991	15. Feb 1991 – 3. Feb 1992	Schaf/Metall
1990	27. Jan 1990 – 14. Feb 1991	Pferd/Metall
1989	6. Feb 1989 – 26. Jan 1990	Schlange/Erde
1988	17. Feb 1988 – 5. Feb 1989	Drache/Erde
1987	29. Jan 1987 – 16. Feb 1988	Kaninchen/Feuer
1986	9. Feb 1986 – 28. Jan 1987	Tiger/Feuer
1985	20. Feb 1985 – 8. Feb 1986	Ochse/Holz
1984	2. Feb 1984 – 19. Feb 1985	Ratte/Holz
1983	13. Feb 1983 – 1. Feb 1984	Schwein/Wasser
1982	25. Jan 1982 – 12. Feb 1983	Hund/Wasser
1981	5. Feb 1981 – 24. Jan 1982	Hahn/Metall
1980	16. Feb 1980 – 4. Feb 1981	Affe/Metall
1979	28. Jan 1979 – 15. Feb 1980	Schaf/Erde
1978	7. Feb 1978 – 27. Jan 1979	Pferd/Erde
1977	18. Feb 1977 – 6. Feb 1978	Schlange/Feuer
1976	31. Jan 1976 – 17. Feb 1977	Drache/Feuer
1975	11. Feb 1975 – 30. Jan 1976	Kaninchen/Holz
1974	23. Jan 1974 – 10. Feb 1975	Tiger/Holz

Mythologie

Vor langer Zeit, als es noch keine Filme, Computer, Fernseher und Bücher gab, versammelten sich die Menschen am Feuer und erzählten sich Geschichten. Manchmal versuchten sie damit, Erklärungen zu finden für Dinge, die sie nicht verstanden, zum Beispiel auch für einige Verhaltensweisen von Tieren. Die großen Mythen erzählen davon, wie die Erde entstand, wie der Wechsel der Jahreszeiten zustande kommt oder wie die Menschen geschaffen wurden. Tiere spielen in diesen Mythen oft eine wichtige Rolle, weil sie auch im Alltag den Menschen nahe standen.

Viele Sagentiere tragen Züge echter Tiere, die von den Menschen ausgeschmückt und übertrieben wurden.

Deine Ansichten über das Leben und deine Träume sind deine persönliche Mythologie.

Mythen über Tiere entstehen aus unserem Bedürfnis, sie besser zu verstehen.

Sagenvögel

Vögel können etwas, das die Menschen nicht können – fliegen. Früher kam vieles, was die Menschen nicht verstehen und nicht beherrschen konnten, vom Himmel: Blitz, Regen, Sturm, Hagel und Schnee. Vögel konnten bis in diese geheimnisvollen Höhen fliegen. Darum hielten die Menschen sie oft für Wesen mit übernatürlichen Kräften, für Boten der Götter oder sogar für Götter selbst.

Zu den bekanntesten Sagenvögeln gehört der Phönix, der 500 Jahre lang ganz allein lebte. Bevor er starb, sang er ein letztes Mal. Dann verbrannte er sich selbst in einem speziellen Nest, das er aus Stroh gebaut hatte und das von den Sonnenstrahlen entzündet wurde. Aus der Asche des verbrannten Phönix kroch ein Wurm, aus dem ein neuer Phönix entstand. Weil der Phönix unsterblich war,

Garuda

Garuda, der göttliche Vogel Indiens, ist einer der ältesten Sagenvögel. Er hat einen Menschenkörper, aber Kopf, Flügel und Beine eines Adlers. Man nannte ihn auch „Vogel des Lebens“. Er war der Feind aller Schlangen, die als Verkörperung des Bösen galten. Täglich fraß er mindestens eine von ihnen. Er war so groß, dass er mit den Flügeln die Sonne verdunkeln konnte. Garuda hatte ein weißes Gesicht, einen goldenen Körper und scharlachrote Flügel.

Der Vogel Rock

Arabische Sagen erzählen vom Vogel Rock, der in seinen Klauen einen Elefanten tragen konnte. Niemand hat ihn jemals genau beschreiben können. Er war so groß, dass man ihn nie im Ganzen sehen konnte. Auf seinem Kopf trug er zwei Hörner, auf seinem Rücken vier Höcker. Der venezianische Entdecker Marco Polo schrieb über die Rocks, die auf Madagaskar lebten.

Harpyien

Harpyien sind übel riechende Ungeheuer mit dem Körper eines Vogels und dem Kopf einer alten Frau. Ihre Federn sind unverletzlich und sie fliegen schnell wie der Wind. Das Wort „Harpyie“ bedeutet „Räuber“. Die alten Griechen glaubten, dass die Harpyien Windgeister waren, die im Auftrag der Götter die Seelen der unerwünschten Toten wegschafften und in die Unterwelt brachten.

glaubte man lange, dass immer irgendwo auf der Welt ein Phönix wäre – allerdings nur ein einziger. Große Vögel sind auch in der Mythologie der Indianer oft zu finden. Der bekannteste ist der Donnervogel. Vor vielen, vielen Jahren, als die Welt noch jung war, wollten zwei Passamaquoddy-Indianer herausfinden, woher der Donner kam. Sie reisten zu zwei hohen Bergen, die sich stets auf einander zu und wieder von einander weg bewegten. Der erste Krieger sprang durch die Lücke, doch der zweite wurde zerquetscht. Als der erste Krieger weiterging, sah er ein Lager mit vielen Wigwams in der Ebene. Aus den Zelten kamen Männer mit Flügeln, die davonflogen. Er hatte die Heimat der Donnervögel gefunden.

Manche Sagen erzählen vom Vogel Ziz, der über alle anderen Vögel regierte. Mit seinen großen Flügeln beschützte er die kleineren Vögel vor Gefahren. Er schützte auch die Erde vor den Stürmen, die aus Süden kamen. Als eines seiner riesigen Eier einmal versehentlich auf die Erde fiel und zerbrach, wurden sechs Städte überflutet.

Die ägyptische Mythologie erzählt, dass der Phönix in einem heiligen Wald im Paradies lebt.

Der Ho-Oo ist der japanische Phönix. Ho ist der männliche Teil und Oo der weibliche.

Donnervogel

Sturm entstand, wenn der Donnervogel durch die Wolken brach und mit seinen riesigen Flügeln schlug. Ein Krieger der Comanchen schoss einmal einen gewaltigen Vogel. Als das Tier auf den Boden stürzte, befürchtete der Krieger, dass er den Donnervogel erlegt hätte. Plötzlich kam ein Sturm auf, und der Krieger wurde von einem Blitz erschlagen.

Caladmus

Im Mittelalter erzählte man sich vom Vogel Caladmus. Er tauchte plötzlich am Bett Schwerkranker auf und setzte sich auf das Fußende. Sah der Vogel den Kranken an, wurde er bald wieder gesund. Sah der Vogel aber weg, so musste der Kranke sterben.

GROSSER VOGEL

Marlon Lowe war erst zehn Jahre alt, als er weiße Haare bekam. Eines Tages im Juli 1977 spielte er im Garten seiner Eltern im US-Staat Illinois. Plötzlich packte ihn ein riesiger schwarzer Vogel mit einem weißen Federkranz am Hals. Der Vogel erhob sich in die Luft, den schreienden Jungen in den Klauen. Die Zeitungen schrieben, der Vogel sei 1,3 m lang gewesen, habe eine Spannweite von 2,5 m und einen 45 cm langen gekrümmten Schnabel gehabt. Zum Glück war die Mutter des Jungen in der Nähe. Sie lief herbei und schrie so laut, dass der Vogel das Kind fallen ließ. Am nächsten Tag waren Marlons rote Haare weiß geworden. Es dauerte Monate, bis der Junge wieder draußen spielen mochte.

Drachen

Fällt das Wort „Drache“, haben fast alle Menschen sofort eine klare Vorstellung davon, wie dieses Tier aussieht. Im Osten wie im Westen hält man Drachen für Zauberwesen, die aus uralten Zeiten stammen. Drachen gelten als weise und geduldig, aber wer sie reizt, muss ihren Zorn fürchten.

In ihrem Buch „Tehanu“ beschreibt Ursula leGuin, wie der Drache Kalessin, ein uraltes, mächtiges Wesen, zwei Menschen zu Hilfe kommt. Die Menschen erzählen später vom Brausen seines feurigen Atems, vom Rasseln seines schuppigen Panzers, vom Zischen des Windes, den seine Flügel machen, und vom Donnern seiner Krallen, als er auf dem Felsen landet. Ein Drache nähert sich bestimmt nicht leise.

Die Drachen in westlichen Sagen können verschiedene Gestalt haben. Es gibt geflügelte Riesenschlangen und große Reptilien mit schuppigem Körper, feurigem Atem und Flügeln, mit denen sie Kutschen anheben können. Diese Drachen sind oft bösartig. Sie müssen von einem Helden getötet werden, um dem Guten zum Sieg zu verhelfen. Oft sammeln solche Drachen auch riesige Schätze an, andere terrorisieren die Menschen in den Dörfern.

Auf den allerersten Landkarten wurden unerforschte Gebiete als „Drachenland“ bezeichnet.

Berühmter Drache

In England erzählt man sich die Geschichte vom Drachenberg in Berkshire. Ein mutiger Ritter tötete dort einmal einen Drachen, um ein Mädchen zu retten, das der Drache fressen wollte. An der Stelle, auf die damals das Blut des Drachen tropfte, wächst bis heute kein Gras mehr. Der mutige Ritter wurde als Sankt Georg zum Schutzpatron Englands.

Sternbild

In der griechischen Sage bewachte der hundertköpfige Drache Ladon den Garten der Hesperiden, in dem goldene Äpfel wuchsen. Herkules, der Held dieser Geschichte, sollte Äpfel aus diesem Garten stehlen. Er tötete Ladon mit seinem Speer. Als Dank für seine treuen Dienste gab ihm seine Herrin, die Göttin Juno, einen Platz am Himmel, wo er seitdem als Sternbild steht.

Drachenschiffe

Zu Beginn der Seefahrt trugen viele Schiffe geschnitzte Köpfe am Bug. Diese sollten die Mannschaft beschützen und dem Schiff „Augen“ geben, um seinen Kurs zu finden. In Nordeuropa wählte man meist Drachen oder Schlangen für diese Figuren. Besonders berühmt sind die drachenköpfigen Boote der Wikinger.

Chinesische Drachen werden „Lung" genannt. Sie gelten als Himmelswesen, etwa wie bei uns die Engel.

Asiatische Drachen haben nur selten Flügel. Sie sind sanft und friedlich, oft beschenken sie die Menschen oder bringen ihnen Glück.

Fast jede Kultur der Erde kennt alte Sagen, in denen Drachen eine Rolle spielen.

Die europäischen Drachen sind meist einfarbig, z.B. rot, grün, golden oder schwarz. Die chinesischen Drachen dagegen sind bunt, und jede ihrer Farben hat eine Bedeutung. Gelb steht für Glück, Schwarz für Zerstörung, Blau für die Geburt einer wichtigen Person. Asiatische Drachen können innerhalb eines Augenblicks ihre Größe verändern: von raupenklein bis riesengroß. Sie sprechen mit leiser, metallischer Stimme. Meist aber schlafen sie friedlich auf dem Meeresgrund oder unter der Erde.

Die Flagge von Wales

Jahrhundertelang war der rote Drache das Symbol, das die Standarten der Waliser und der alten Briten zierte. Dies geht zurück auf König Artus. Der König träumte, dass der rote Drache der Britannier in einem Kampf den grünen Drachen der Sachsen besiegte. Noch heute ist der rote Drache auf der Flagge von Wales zu sehen.

Drachentanz

In China ist der Drache ein Symbol für Weisheit, Glück und Edelmut. Mit dem Drachentanz sollen böse Geister vertrieben werden, um das Glück des Volkes zu stärken. Der Tanz kam in der Sung-Dynastie (960–1279 n. Chr.) auf. Heute, 1.000 Jahre später, wird der Tanz bei großen Festen noch immer aufgeführt. Mindestens zwölf Tänzer, ein Trommler und ein Führer sind für diesen Tanz nötig. Eine Tanzgruppe zeigt einen 120 m langen goldenen Drachen.

Löwe und Einhorn

Seit 1603 führt die britische Armee den englischen Löwen und das schottische Einhorn im Wappen. Der Löwe und das Einhorn in dem Reim stehen als Symbol für den Kampf zwischen England und Schottland um den englischen Thron.
„Der Löwe und das Einhorn kämpften um die Krone.
Der Löwe jagte das Einhorn durch die ganze Stadt.
Manche gaben ihnen Weißbrot, manche gaben ihnen Schwarzbrot.
Manche gaben ihnen Pflaumenkuchen und jagten sie davon."

Hippogryph

Der griechischen Sage zufolge lebte der Hippogryph in den Bergen Europas. Er war ein geflügeltes Pferd mit Kopf und Klauen eines Adlers. Der maurische Held Rogero entkam aus der Gefangenschaft auf dem Rücken eines Hippogryphs. Seine Frau Bradamante hatte das Wundertier von einem Zauberer erhalten.

Zauberpferde

Es gibt viele verschiedene Zauberpferde in den Sagen der Welt. Die meisten von ihnen sind freundlich und wenig bedrohlich. Vielleicht liegt das daran, dass die Pferde von jeher ein Gefühl von Freiheit vermitteln, das die Menschen zu träumen anregt. Das schöne, blütenweiße Einhorn mit seinem sanften, selbstlosen Wesen ist nur ein Beispiel. Pegasus, das geflügelte Pferd, trägt die Träume der Menschen zum Himmel.

Lange Zeit war man sich nicht sicher, ob es Einhörner nur in Sagen und Märchen oder auch in der Wirklichkeit gibt. Wenn sie einmal gelebt haben, so sind die Einhörner heute ausgestorben. Zum ersten Mal wurde das Einhorn von dem griechischen Geschichtsschreiber Ktesias im Jahre 398 v. Chr. beschrieben. Von Reisenden hatte er viele interessante Dinge erfahren. Das Einhorn in seiner Beschreibung hat einen weißen Körper, einen dunkelroten Kopf und tiefblaue Augen. Es war „ungewöhnlich flink und kraftvoll. Kein Pferd und auch kein anderes Tier konnte es einholen."
Das K'i-lin ist das chinesische Einhorn. Es soll einen mehrfarbigen Körper und ein 3,7 m langes Horn gehabt haben.
Vom moslemischen Einhorn, dem Kar-ka-dann, sagte man, es sei gefährlich. Es sah nicht wie ein Pferd aus, sondern eher wie eine Kuh oder ein Bulle. Das Tier war laut und ungestüm. Nur das Gurren einer Taube konnte es besänftigen. Erst seit dem Mittelalter beschrieb man die Einhörner als pferdeähnliche Tiere. Heute

Alexander der Große lernte viel von dem Zentauren Cheiron.

Es heißt, dass Einhörner in der Gegenwart junger Mädchen sanft und ruhig sind.

Die Adh Sidhe sind irische Fabelwesen, die wie schwarze Pferde aussehen.

Pegasus galoppiert über den Himmel und schlägt mit seinen mächtigen Flügeln.

Die ältesten griechischen Münzen mit dem Bild des Pegasus stammen aus dem Jahr 360 v. Chr.

stellen wir uns weiße Pferde mit fließender Mähne vor. Obwohl von Natur aus scheu und sanftmütig, kennt man Einhörner auch als zähe Kämpfer. Wer ein Einhorn fangen wollte, der sollte sich vor einen dicken Baumstamm stellen und das Einhorn so lange reizen, bis es angriff. Im letzten Moment galt es dann, zur Seite zu springen, sodass das Einhorn sein Horn in den Stamm bohrte.
Aus der griechischen Mythologie kennen wir Pegasus, das fliegende Wunderpferd. Als der griechische Held Perseus der schlangenköpfigen Medusa den Kopf abschlug, sickerte ihr Blut in die Erde. Aus diesem Blut entstand Pegasus.

Die Göttin Minerva zähmte ihn und schenkte ihn schließlich den Musen, die auf dem Berg Helikon lebten.
Als die Musen einmal einen Gesangswettbewerb abhielten, war die Musik so machtvoll, dass der Berg in den Himmel zu wachsen begann. Dem Gott Poseidon gefiel das gar nicht. So befahl er Pegasus, mit dem Huf gegen den Berg zu schlagen, damit er zu wachsen aufhörte. Wo der Huf den Berg traf, entsprang die Quelle Hippokrene, deren Wasser seitdem die Dichter inspirieren.

Das Horn eines Einhorns nennt man Alicorn.

Zentauren

Zentauren waren Wesen, die den Oberkörper eines Mannes und Rumpf und Beine eines Pferdes hatten. Der griechischen Sage nach leben die Zentauren in Thessalien. Die ersten Geschichten über Zentauren stammen aber von den Babyloniern, etwa um 2000 v. Chr. Die Kassiten kamen 1750 v. Chr. nach Babylon. Sie brachten Zeichnungen von Zentauren mit Flügeln und zwei Schwänzen mit.

Sleipnir

Sleipnir war das achtbeinige Pferd, das dem nordischen Kriegsgott Odin gehörte. Es war schneller als alle Pferde. Kein Hindernis war zu groß, und es konnte über Land und über Wasser galoppieren. Sein Vater war das Riesenpferd Svadilfari, seine Mutter war Loki, eine nordische Göttin, die sich in eine Stute verwandelt hatte. Bei Asburgi im Nordosten Islands kann man angeblich noch heute einen Hufabdruck Sleipnirs sehen.

Meerjungfrauen

Geschichten über Meerjungfrauen sind so alt wie die Welt. Meerjungfrauen haben den Oberkörper einer Frau, aber von der Taille abwärts den Schwanz eines Fisches. Sie sind immer schön und meistens unglücklich. Auf Bildern sieht man sie oft auf einem Felsen sitzen und ihr langes, blondes Haar kämmen. Die ältesten Berichte über solche Fisch-Menschen sind etwa 4.000 Jahre alt.

Die indianische Bevölkerung von Honduras glaubte, die Mutter aller Fische sei eine Meerjungfrau, die neunäugige Sirena. Ohne ihre Erlaubnis auf Fischfang zu fahren, war ein großes Vergehen, das sie mit schwerer Krankheit oder sogar dem Tod bestrafte. Graf Siegfried von Luxemburg hatte eine junge schöne Frau, die Melusine hieß. Als Siegfried sie bat, ihn zu heiraten, willigte sie unter einer Bedingung ein. Sie bat, einen ganzen Tag im Monat allein sein zu dürfen. Weil Siegfried sie sehr liebte, hatte er sich einverstanden erklärt. Jahre lang ging Melusine an jedem ersten Mittwoch im Monat in die Kasematten, die ein Netz von Gängen und Kammern unter der Stadt bildeten. Dort verbrachte sie den Tag. Eines Tages ging Siegfried ihr nach. Da sah er sie als Meerjungfrau in einem Zuber voll Wasser liegen. Als sie bemerkte, dass er ihr Geheimnis

In Japan erzählt man von „Nymgo", einem Fisch mit einem Menschenkopf.

Der polynesische Schöpfer-Gott ist halb Mensch, halb Tümmler.

Mami Wata

Mami Wata ist eine Meerjungfrau, von der es heißt, dass sie in den Gewässern West- und Zentralafrikas lebt. Sie hat langes, dunkles Haar, hypnotische Augen und eine sehr helle Haut. Man sagt, dass sie auch als Frau verkleidet durch die Straßen Afrikas geht.

Die Meerjungfrau von Zennor

Wie jeder weiß, haben Meerjungfrauen wundervolle Stimmen. Sie lieben den Gesang. In dem Dorf Zennor in Cornwall lebte einmal ein junger Mann mit einer Stimme, die hell und klar wie eine Glocke tönte. Eine Meerjungfrau hörte ihn singen und verliebte sich in ihn. Der Mann ging zu ihr ins Meer. Seitdem leben die beiden dort unten und singen gemeinsam. Es heißt, dass der Gesang der beiden den Fischern von Zennor verrät, wann es sicher ist, in See zu stechen, und wann sie lieber in den sicheren Hafen zurückkehren sollten.

Triton

In der griechischen Mythologie ist Triton der Sohn des Gottes Poseidon und der Meeresgöttin Amphitrite. In manchen Erzählungen wird er als Gott der Seefahrer bezeichnet. Er soll der Vater vieler Wassermänner sein. Auf fast allen Abbildungen bläst er auf einer großen Muschel, die er in den Händen hält. Das amerikanische Atom-U-Boot Triton war 1960 das erste, dem es gelang, die Erde zu umrunden, ohne ein Mal aufzutauchen.

In Irland nennt man die Meerfungfrauen „Merrows", und in Cornwall heißen sie „Merrymaids".

entdeckt hatte, sprang sie vom Fenster aus in den Fluss Alzette und wurde nie wieder gesehen. Es gibt viele Geschichten über Meerjungfrauen, die sich in Menschen verliebten und sich für ein einsames Leben auf dem Land, fern von ihrem eigenen Volk, entschieden. Andere erzählen von verliebten Männern, die Meerjungfrauen mit einem Trick an Land festhielten. Während die Meerjungfrau in Menschengestalt am Strand tanzte, stahl der Mann ihre „Fischhaut".

Berühmte Meerjungfrauen

Die Kleine Meerjungfrau sitzt auf einem Felsen am Hafen von Kopenhagen in Dänemark. Die Statue wurde 1913 von Edvard Eriksen zum Andenken an Hans Christian Andersen geschaffen. Andersen schrieb das Märchen von der Kleinen Meerjungfrau, die sich in einen Prinzen verliebte. Um ihm nah zu sein, entschloss sie sich, für immer Menschengestalt anzunehmen. Als Preis dafür verlor sie ihre Stimme. So konnte sie ihm niemals sagen, wie sehr sie ihn liebte.

Es heißt, dass Meerjungfrauen und Meermänner am sonnigsten Tag einen Sturm entfesseln können.

EINE FISCHERGESCHICHTE

Am 20. April 1814 veröffentlichte der Aberdeen Chronicle einen Bericht von zwei schottischen Fischern, die aus der Spey-Bucht zurückgekehrt waren. Etwa einen halben Kilometer von der Küste entfernt hatten sie einen Mann im Wasser gesehen, der ihnen den Rücken zudrehte. Sie ruderten zu ihm und waren fast angekommen, als er sie hörte und den Kopf drehte. Seine Haut war bräunlich, sein Haar grünlich-grau. Er hatte eine flache Nase, kleine Augen, einen großen Mund und sehr lange Arme. Von der Taille abwärts hatte er einen Fischkörper. Als die Fischer erstaunt innehielten, tauchte der Mann unter und kam mit einer Frau, die ebenfalls einen Fischschwanz hatte, wieder an die Oberfläche.

Meerjungfrauen-Tränen

Auf der Insel Iona vor der schottischen Küste gibt es graugrüne Kieselsteine. Man sagt, das sind die Tränen einer Meerjungfrau, die sich in einen Heiligen verliebt hatte, der auf der Insel lebte. Jeden Tag besuchte die Meerjungfrau den Heiligen. Er aber sagte ihr immer nur, dass sie das Wasser verlassen müsste, um eine Seele zu bekommen. Voller Verzweiflung wusste sie, dass sie das niemals tun konnte. Das einzige, das von ihr am Strand blieb, sind bis heute ihre Tränen.

Kraken

„Kraken" ist ein alter norwegischer Name für ein vielarmiges Seeungeheuer. Fischer und Seeleute erzählten von dem riesigen Biest. Es soll so lang sein, dass man es versehentlich für eine schwimmende Insel halten kann: 1,5 km. Mit seinen langen Fangarmen kann es leicht bis zur Mastspitze eines Schiffes hinaufreichen und das Schiff mit Mann und Maus in die Tiefe ziehen.

Kelpie

Das Kelpie ist das Wasserpferd aus den schottischen Gewässern. Es ist ein Verwandter des Uisage, das in den schottischen und irischen Seen haust. Beide sind den Menschen nicht wohl gesonnen. Sie sehen wie zahme Pferde aus. Doch steigt man auf eines, so rast es ins Wasser und frisst den Reiter. Wer einmal auf einem Wasserpferd sitzt, kann nicht mehr abspringen. Wenn aber ein Mensch es schafft, einem Kelpie Zaumzeug anzulegen, muss es ihm gehorchen.

Schon 6 n. Chr. berichteten Menschen, dass sie das Ungeheuer von Loch Ness gesehen hätten.

Seeungeheuer

Überall auf der Welt gibt es Geschichten von sagenhaften Ungeheuern, die in den Seen und Flüssen, Quellen und Teichen leben. Vor allem tiefe, unergründliche Gewässer regen die Fantasie der Menschen an. Viele wollen solche Wasserwesen gesehen haben, doch wirklich gefunden hat man keines. Wahrscheinlich beruhen solche Berichte auf Begegnungen mit schwimmenden Ottern oder großen Fischen und viel Fantasie. Aber man kann ja nie wissen …

Die berühmtesten Wasserwesen sind die Seeungeheuer, und fast jedes Land hat sein eigenes. Schottland hat seine Nessie, das Ungeheuer von Loch Ness. In den USA erzählt man von Ogopogo im Okanagan-See in British Columbia und Champ im Lake Champlain, beides schlangenähnliche Tiere mit einem Pferdekopf. Und im Manitoba-See lebt Manipogo. Wenn man Bessie sehen möchte, muss man zum Erie-See nach Kanada reisen und nach einem 9–15 m langen Lindwurm Ausschau halten. Tessie lebt im Lake Tahoe in den USA. Sie hat sogar ein eigenes Museum mit einer Telefon-Hotline für Anrufe von Leuten, die sie gesehen haben wollen. Yuk, der bei den King-Inseln vor British Columbia gesichtet wurde, streckt normalerweise nur seinen Schlangenkopf und seine Schwanzflosse aus dem Wasser. China hat Chan, ein riesiges Monster, das heißen Dampf ausatmet und in einer großen unterirdischen Höhle in einer wilden Berggegend lebt. Fischer, die dort einmal mit Dynamit fischen wollten, wurden von dem

Ping Feng ist ein chinesisches Wasserungeheuer, das wie ein schwarzes Schwein aussieht.

Die Zulu glauben, dass in dunklen Teichen Wesen leben, die die Spiegelungen fressen.

wütenden Ungeheuer vertrieben. Auch im See Kos-Kol in Kasachstan lebt ein Verwandter von Nessie. In Patagonien treibt Nahuelito sein Unwesen im 824 km^2 großen Nahuel-Huapi-See am Fuß der patagonischen Berge. Vor vielen Jahren erzählten die einheimischen Indianer von einem riesigen Wassertier. Als man gewaltige Spuren an den Ufern des Sees gefunden hatte, wurde 1922 eine wissenschaftliche Expedition ausgeschickt, um nach dem patagonischen Plesiosaurier zu suchen. 1995 zogen Forscher an den Van-See, den größten See der Türkei, um dort nach einem Ungeheuer zu suchen. Berichten zufolge ist das Tier schwarz und sieht aus wie ein Dinosaurier mit Zacken auf dem Rücken.

RÄTSELHAFTE LEICHE

Im Mai 1969 wurde am Strand von Tecoluta in Mexiko der Kadaver eines seltsamen Meer-Lebewesens angespült. Es war 36 Tonnen schwer und mit einem harten Schuppenpanzer bedeckt. Besonders verwirrend war das 3 m lange Horn aus Knochensubstanz, das vom Kopf hervorragte. Eine Gruppe aus sieben Wissenschaftlern studierte das Tier. Sie meinten, es könne ein Finnwal sein. Doch für das Horn hatten sie keine Erklärung. Biologen, die das Tier begutachteten, sagten, dass sie es „keiner bekannten Tierart zuordnen könnten“.

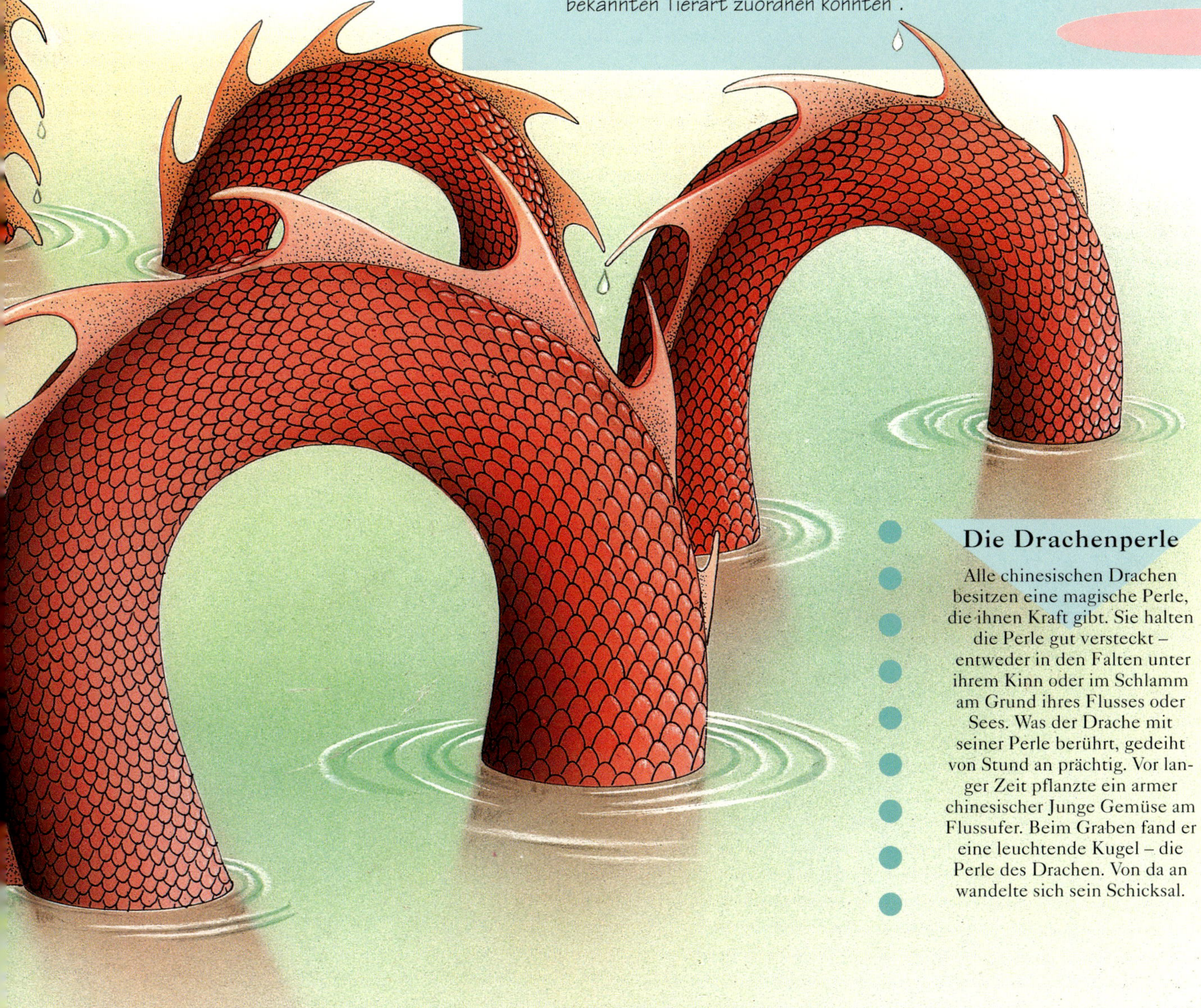

Die Drachenperle

Alle chinesischen Drachen besitzen eine magische Perle, die ihnen Kraft gibt. Sie halten die Perle gut versteckt – entweder in den Falten unter ihrem Kinn oder im Schlamm am Grund ihres Flusses oder Sees. Was der Drache mit seiner Perle berührt, gedeiht von Stund an prächtig. Vor langer Zeit pflanzte ein armer chinesischer Junge Gemüse am Flussufer. Beim Graben fand er eine leuchtende Kugel – die Perle des Drachen. Von da an wandelte sich sein Schicksal.

Schlangen

Lamia

Der römische Gott Jupiter verliebte sich in die schöne libysche Königin Lamia, und sie hatten miteinander Kinder. Die eifersüchtige Göttin Juno stahl diese Kinder. Weil Lamia der Göttin nichts anhaben konnte, verwandelte sie sich in eine Schlangenfrau und schwor, alle Menschenkinder zu töten und zu fressen, die ihr begegneten. Seitdem, glaubt man, leben in den Wüsten die Nachkommen der ersten Lamia. Mit pfeifenden Tönen locken sie Wanderer in den Tod.

In vielen Religionen haben Schlangen symbolische Bedeutung, oft werden sie als Götter verehrt. Weil sie ihre Haut abwerfen und sich so selbst erneuern, gelten sie als Zeichen der Auferstehung. Im Christentum wird die Schlange meist dem Bösen und dem Tod zugeordnet. Obwohl es heißt, Moses hob, als sein Volk von einer Seuche heimgesucht wurde, eine Schlange auf, die die Kraft hatte, alle zu heilen, die sie ansahen.

Wenn der Hydra ein Kopf abgeschlagen wurde, wuchsen an seiner Stelle zwei neue.

Weil eine zusammengerollte Schlange die Form eines Kreises hat, wird sie oft als Symbol für die Ewigkeit gewählt. Einer nordischen Legende zufolge warf Odin die Midgard-Schlange in die See. Sie wurde so groß, dass sie um die ganze Erde herumreichte. Man glaubte, dass die Bewegungen der

Boas war eine Riesenschlange, die im Jahre 1 n. Chr. in Italien lebte.

Schlange die Stürme auf dem Meer entfesselten.
In der Mythologie der Hindus reitet der Gott Vishnu auf einer Kobra. Die Kelten brachten die Schlange mit heilenden Quellen in Verbindung.
Die Hydra war ein vielköpfiges Ungeheuer, das in den Sümpfen nahe der Quelle der Amymone im Lande von Argos lebte. Wurde der Hydra ein Kopf abgeschlagen, wuchsen an seiner Stelle zwei neue. Der Kopf in der Mitte war unzerstörbar. Eine der scheinbar unlösbaren Aufgaben des Herkules war es, dieses Ungeheuer zu töten. Es gelang ihm, die seitlichen Köpfe zu verbrennen, den Mittelkopf begrub er unter einem Felsen.
Aido Hwendo ist die riesige Regenbogenschlange aus einer afrikanischen Sage. Sie trug die Göttin Mawn, als diese das Universum schuf. Dann rollte sich die Schlange unter der Erde zusammen, um ihr Gewicht zu tragen. Wenn sich die Schlange bewegte, so glaubte man, entstünde ein Erdbeben.

Echidna, halb Frau und halb Schlange, war in der griechischen Mythologie die Mutter der Hydra.

Amphisbaina ist eine sagenhafte Schlange aus dem Mittelalter, die an jedem Ende einen Kopf hat.

In den Legenden der australischen Aborigines ist die Riesen-Regenbogenschlange die Schöpferin des Lebens. In China und Afrika galt sie als Regenmacherin und Gottheit, die den Durst löscht. Auch die Indianer brachten die Schlange mit dem Regen in Verbindung. In vielen Regentänzen werden die Bewegungen von Schlangen nachgeahmt. An antiken griechischen und römischen Altären sieht man oft Darstellungen von Schlangen. Damals hielt man sie auch als Haustiere, die das Haus bewachen sollten. Eine römische Wachschlange wurde „Genius“ genannt.
Quetzalcoatl ist eine der ältesten und bedeutendsten Gottheiten des antiken Mexiko. Bei den Tolteken war er der Gott des Lernens und der Weisheit, der Luft, der Heiligkeit und der Selbstaufopferung. Dargestellt wurde er als Schlange mit Federkleid. Er ging in die Unterwelt, um Knochen zu sammeln. Diese benetzte er mit seinem eigenen Blut, um die Menschen zu erschaffen.

Medusa

In der griechischen Sage war Medusa eine sterbliche Frau, die in eine von den drei Gorgonen verwandelt wurde: schreckliche Ungeheuer mit Flügeln, Klauen und gewaltigen Zähnen. Auf dem Kopf trug Medusa ein Gewirr aus Schlangen. Wer in ihr Gesicht blickte, der erstarrte zu Stein. Der Held Perseus konnte sie töten, weil er seinen Schild als Spiegel benutzte und so vermied, ihr ins Gesicht zu sehen.

Der Lambton-Lindwurm

Im Mittelalter dachte man, dass es Unglück bringe, am Sonntag zu fischen. Genau das tat aber John Lambton. Im Fluss Wear fing er einen sonderbaren Wurm. Den warf er in eine Quelle und vergaß ihn. Jahre später, als Lambton Kreuzritter geworden war, war der Wurm zu einer riesigen Schlange herangewachsen, die das Land in Schrecken versetzte. Als Lambton von den Kreuzzügen zurückkehrte, tötete er das Ungeheuer und stellte so den Frieden im Land wieder her.

WHOA BOA!

Am 19. August 1991 brach eine schwarze Schlange aus dem Dschungel und versetzte die Bewohner des Dorfes Nevo Tacna in Peru in Angst. Es war vermutlich eine Boa constrictor mit einer geschätzten Länge von 40 m (so lang sind zwei Busse!) und einem Durchmesser von 4,6 m. Rundfunkberichten zufolge hatte die Schlange eine Spur hinterlassen, die breit genug für einen Trecker war. Sie hatte alle Bäume auf ihrem Weg umgerissen und war dann im Fluss Napo verschwunden. Der erste Bericht über diesen Vorfall stammt von Jorge Chovez, Bürgermeister in Mainas, 274 km nordöstlich der Hauptstadt Lima.

Fabelwesen

Die Sagen und Legenden der Welt sind voller Fabelwesen. In manchen Sagen haben sie Macht über Leben und Tod, in anderen stellen sie Helden vor schwierige Aufgaben. Sie stehen für die unterschiedlichsten Ideen: für heilige Weisheiten, für die Kräfte der Natur, für Geburt, Tod und Wiedergeburt und schließlich für den Sieg des Guten über das Böse.

Chimäre

Die Chimäre war ein weibliches, Feuer speiendes Ungeheuer in der griechischen Mythologie. Sie hat einen Löwenkörper und zwei Köpfe: einen Löwen- und einen Ziegenkopf. Oft wird sie als Sinnbild des Unmöglichen verwendet. Der griechische Held Bellerophon tötete die Chimäre mithilfe der Göttin Minerva und des geflügelten Pferdes Pegasus.

Salamander

Im Mittelalter hielt man den Salamander für einen Geist, den das Feuer nicht verletzen konnte. Sein Körper war so kalt, dass er damit die Hitze des Feuers erstickte. König Franz I. von Frankreich führte in seinem Wappen einen Salamander, der von Flammen umgeben war. Darunter standen die Worte „Nutrisco et extinguo“ (Ich nähre und ich lösche). Den Alchimisten sagte man nach, dass sie Salamander zum Regulieren der Temperatur verwendeten, wenn sie aus Blei Gold herstellen wollten. Wenn das Feuer heiß genug war, sprang der Salamander in die Flammen.

Basilisk

Der Basilisk ist ein Fabelwesen, dessen vordere Hälfte von einem Hahn stammt, die hintere dagegen von einer Schlange. Er soll von einer Schlange aus einem Hühnerei ausgebrütet worden sein, und allein sein Blick soll schon töten können. Ebenso tödlich seien sein Biss und die Berührung seines Schwanzes. Es heißt, als einst ein Reiter einen Basilisken mit dem Speer tötete, stieg das Gift durch den Speer nach oben und tötete Pferd und Reiter.

Der Greif, eines der edelsten Fabelwesen, bestand aus zwei königlichen Tieren. Die Ohren, den Körper, die Hinterbeine und den Schwanz hatte er vom Löwen. Kopf, Vorderfüße und Flügel dagegen stammten vom Adler. Er war das Bindeglied zwischen Menschen und Göttern, weil er die Merkmale eines Erdentieres und eines Himmelstieres in sich vereinte. Der Greif war stärker als acht Löwen und 100 Adler. Er war so groß, dass er mit seinen im Flug ausgebreiteten Flügeln die Sonne verdecken konnte. Greife waren zuverlässige Wächter. Beschützten sie einen Menschen, so waren sie sanft und friedlich. Bewachten sie aber einen Schatz, so verteidigten sie diesen erbittert. Man sagt, dass die Greife ihre Nester in der Nähe vergrabener Schätze bauten oder sich selbst einen Schatz ansammelten. Sie

Die Sumerer nannten den Greif „Chumbaba“.

lagen in ständigem Krieg mit dem einäugigen Volk der Sythier, die den Greifen ihre Schätze stehlen wollten.

Der Greif hat seinen Ursprung vermutlich in Legenden des Mittleren Ostens. Die erste Abbildung fand man auf einem Siegel aus dem Gebiet, in dem heute der Iran liegt. Sie stammt etwa aus den Jahre 3000 v. Chr. Im Jahre 7 v. Chr. beschrieb der griechische Schreiber Aristeas Greife, die in einem Gebirge, möglicherweise im Ural oder im Altai-Gebirge, hausten. Aus dem Jahre 14 n. Chr. stammt eine römische Darstellung des Greifen, der die Sonne in einem Wagen über den Himmel zieht. Auch der griechische Gott Apollo ritt auf einem Greif. Später tauchen Abbildungen der Greife auf vielen Wappen wieder auf. Sie symbolisieren auch überheblichen Stolz, weil es heißt, Alexander der Große habe einmal versucht, auf einem Greifen bis an den Rand des Himmels zu reiten. Nemesis, die Göttin der Vergeltung, nahm manchmal die Gestalt eines Greifen an. Es war auch ein Greif, der ihr Schicksalsrad drehte. Alte römische Darstellungen zeigen den Greif, der den Wagen der Nemesis zieht.

Der Greif ist eins der beliebtesten Wappentiere. Viele Wappen zeigen Darstellungen des mächtigen Fabeltiers.

In der alten persischen Kunst findet man viele Darstellungen des Greifs.

Greife bauten Nester und legten Eier, die aus dem Halbedelstein Achat bestanden.

Kappa

Das Kappa lebt in den Flüssen Japans. Es ist harmlos, wenn man es höflich behandelt. Es hat den Kopf eines Affen, den Körper einer Schildkröte und die Beine eines Frosches. In seiner Schädeldecke befindet sich eine Vertiefung, die mit Wasser gefüllt ist. Hieraus bezieht das Kappa seine Kraft. Wenn das Kappa angreift, sollte man sich schleunigst tief verneigen. Dann verneigt sich auch das Kappa, und das Wasser läuft aus. So muss das Wesen ins Wasser zurückkehren, um seine Kraftquelle neu zu füllen. Wer aber seinen Namen in eine Gurke schnitzt und diese in den Fluss wirft, dem geht das Kappa für immer aus dem Weg.

ARTUS-SAGE

In der britischen Artus-Sage ist die Rede von einem Ungeheuer mit dem Kopf einer Schlange, dem Körper eines Leoparden und den Hufen eines Hirsches. Es war auch als die „Bestie Glatisant" bekannt. Der Schrei des Ungeheuers war entsetzlich anzuhören, er klang wie das Gebell von 60 Hunden. König Artus sah das Ungeheuer zuerst in einem Traum. Er träumte, dass die Bestie nur ruhig war, während sie gerade trank. Der Ritter Pellinore verbrachte sein Leben damit, die Bestie zu jagen. Als er starb, setzte der Sarazenenritter Palomides die Jagd fort.

Waldgeister & Co.

Viele Wesen der Sagenwelt gehören weder ganz dem Tierreich noch der Welt der Menschen an. Sie sind halb Mensch, halb Tier. Zu den bekanntesten dieser Wesen gehörten die Satyrn: männliche Waldgeister mit dem Hinterleib, den Hörnern und den Ohren eines Ziegenbocks. Sie galten als faul und hinterhältig. Sie amüsierten sich lieber, statt etwas Nützliches zu tun.

Satyrn zogen durch die unberührte Landschaft. Sie waren die Gefährten von Dionysos, dem Gott des Weines, und sie verbrachten ihre Zeit mit Trinken und Tanzen. Die Römer nannten diese Wesen Faune.
Auch Pan, der in den Wäldern und Bergen hauste, war ein Satyr. Er war der Gott der Wälder und Felder, der Herden und der Hirten. Er liebte die Musik und erfand ein eigenes Instrument, die Panflöte. Das geschah, als er der Waldnymphe Syrinx nachjagte. Um ihm zu entwischen, verwandelte sich die Nymphe in Schilfgras. Pan schnitt die Rohre ab und spielte eine Melodie darauf. Darum nennt man die Panflöte auch „Syrinx".
Später spielte Pan darauf zum Tanz der Waldnymphen. Pan hauste in Höhlen und dunklem Unterholz. In der Nacht schlich er durch den Wald. Mit dem Klang seiner Musik und seinem plötzlichen

Zu den Waldgeistern gehören die Satyrn, die Pane und die Faune.

Pan, der Sohn des Hermes, war der Bote der Götter und einer Nymphe.

Die Zyklopen

Als die Helden des Altertums nach dem Fall der Stadt Troja nach Griechenland zurückkehrten, lebten auf der Insel Sizilien Riesen, die man Zyklopen nannte. Diese Wesen hatten auf der Stirn nur ein einziges, großes Auge. Es waren geschickte Hirten, die große Schafherden auf den Bergen hielten. Sie ernährten sich vom Fleisch der Schafe – und von Menschen, wenn sie welche zu fassen bekamen.

Werwölfe

In Europa wurden im späten Mittelalter viele Menschen angeklagt und verurteilt, weil sie angeblich Werwölfe waren. Das waren Menschen, die sich bei Nacht in hungrige Wölfe verwandelten. In Frankreich wurden zwischen 1520 und 1630 mehr als 30.000 Menschen wegen dieser Behauptung vor Gericht gestellt.

Dschinn

In islamischen Ländern kennt man den Dschinn, einen Geist, der aus Feuer oder Luft besteht und der die Form eines Menschen oder eines Tiers annehmen kann. Dschinns sind hinterhältige Wesen, die gern Menschen ärgern. Darum gibt man ihnen oft die Schuld, wenn ein Unglück geschieht.

Jede Waldnymphe lebte in einem Baum. Starb der Baum, so starb auch die Nymphe.

Faun war der römische Gott der Natur. Wie seine griechischen Verwandten trank und tanzte er gern. Er galt als Schutzpatron des Viehs. Oft sieht man ihn auf Abbildungen mit einem Weinbecher und einem Wolfspelz. Die Römer nannten ihn manchmal auch „Lupercus" – „der den Wolf vertreibt". Der römischen Sage zufolge wurde Faun König von Latium im südlichen Italien.

Manche Satyrn hatten nur ein Auge und keine Nase. Sie atmeten durch ihre Brust.

Faun war der Sohn von Picus, dem römischen Gott der Bauern. Sein Großvater war der Gott Saturn. Seine Partnerin war Fauna, die römische Erdmutter und Göttin der Fruchtbarkeit. Am 15. Februar jedes Jahres feierten die Römer zu Ehren des Gottes Faun das Fest der Luperkalien. Die Bauern zogen in Prozessionen durch die Straßen. Die Priester des Lupercus zogen sich Ziegenfelle über und mischten sich unter die Bauern.

Auftauchen erschreckte er Wanderer. Daher stammt das Wort „Panik", mit dem wir eine plötzliche Angst beschreiben, die keine sichtbare Ursache hat. Weil der Name des Gottes auch „alles" bedeutet, wurde Pan zum Symbol der gesamten Natur.

Wer-Jaguare

Die Olmeken und Maya glaubten an Wer-Jaguare, Wesen mit Kopf, Körper und Schwanz eines Jaguars und den Beinen eines Menschen. Sie kamen aus der übernatürlichen Welt, um Menschen zu fressen oder ihnen Lehren zu erteilen. In der Mythologie der Maya wird der Himmel von vier Göttern in Jaguar-Gestalt getragen: ein weißer an der nördlichen Ecke, ein gelber an der südlichen, ein roter im Osten und ein schwarzer im Westen.

Sirenen

Die Sirenen waren Wasserwesen der alten griechischen Sagenwelt. Halb Frauen und halb Vögel, bezaubern sie mit ihren wundervollen Gesängen die Seeleute, sodass diese das Steuern vergessen und mit ihren Schiffen auf den Felsen zerschellen. Der griechische Held Odysseus entkam der Gefahr, weil er seiner Mannschaft die Ohren mit Wachs verschloss und sich selbst an den Mast seines Schiffes fesseln ließ.

MINOTAURUS

Eine Sage des griechischen Altertums erzählt von Minotaurus, dem Sohn der Königin Pasiphaë von Kreta. Minotaurus hatte den Kopf eines Stiers. Sein Vater Minos hielt ihn in einem komplizierten unterirdischen Labyrinth gefangen, aus dem niemand herausfand, der einmal hineinging. Minotaurus fraß nur Menschenfleisch, und so wurden alle neun Jahre sieben Knaben und sieben Mädchen in das Labyrinth geschickt. Einmal wurde auch Theseus, der Sohn des Königs von Athen, als Opfer ausgewählt. Mit Hilfe von Minos' Tochter Ariadne entkam er. Ariadne gab ihm ein Wollknäuel, sodass er mit Hilfe des Fadens den Rückweg finden konnte. Theseus tötete den Minotaurus und setzte den Menschenopfern damit ein Ende.

Gespenstische Tiere

Was ist ein Gespenst oder ein Geist? Niemand weiß das genau. Weil es aber so viele Berichte über Geister gibt, sind sie wohl ein Teil unseres Universums. Vermutlich haben wir noch längst nicht alle Gesetze des Universums entdeckt und verstanden. Manche Geister scheinen ganz real zu sein, andere scheinen ihre Umgebung gar nicht wahrzunehmen. Wieder andere wiederholen eine bestimmte Handlung ein ums andere Mal. Von toten Tieren erzählt man sich oft, dass sie zurückgekehrt sind, um jemanden, den sie liebten, vor Gefahren zu warnen.

Berichte von einem gespenstischen schwarzen Hund mit roten Augen sind auch heute noch manchmal zu lesen.

Schwarze Hunde

Seit langer Zeit gibt es Berichte über einen riesigen, zottigen schwarzen Hund mit roten Augen, der sein Unwesen in England und Frankreich treibt. Meist taucht der Hund urplötzlich in der Nähe von Brücken auf und verschwindet ebenso plötzlich wie leise wieder. Dabei lässt er einen starken Schwefelgeruch zurück.
Besonders oft wurde er in der Nähe alter Bauten gesehen, etwa bei Hünengräbern, Gedenksteinen, alten Friedhöfen oder Brachland. Der Körper des Hundes sieht echt aus. Doch wenn man ihn berührt, explodiert er oder geht in Flammen auf. In manchen Berichten wird der Hund als Beschützer beschrieben, in anderen als bedrohliche Bestie. 1577 tauchte ein solcher schwarzer Hund plötzlich während des Morgengottesdienstes im Seitenschiff einer Kirche im englischen Blythburgh auf. Er griff drei Menschen an und verbrannte einen vierten. Als der Hund die Kirche verließ, kratzte er an der Tür. Diese Kratzer sind noch heute zu sehen. Am gleichen Tag tauchte der Hund auch in der elf Kilometer entfernten Kirche von Bungay auf.

Gruselige Tiergeschichten

- In London spukt der Geist eines zitternden Kükens, das stets im Kreis herumhüpft. Dort versuchte Francis Bacon im Jahre 1626, ein Küken im Schnee einzufrieren.
- Vor der Kirche von San Giovanni Decollato in Rom treffen sich die Geister von verstorbenen Hunden und Katzen.
- Auf einer irischen Landstraße geht der Geist eines Hundes um. Der Hund wollte seinen Herrn vor dem Ertrinken retten.
- Im August 1925 fotografierte Major Wilmott Alistone in der Schweiz seinen kleinen Sohn. Wenige Tage vorher war das Kätzchen des Jungen von einem Bernhardiner getötet worden. Als das Foto entwickelt war, sah man das Kätzchen sich in die Hand des Jungen kuscheln.
- Unter dem Kolosseum in Rom wurden wilde Tiere in Käfigen gefangen gehalten. Man sagt, dass ihre Geister jedes Jahr im Herbst zurückkehren und am Ort ihres Leidens spuken.
- Die „White Horse"-Ebene in Winnipeg (Kanada) hat ihren Namen nach einem weißen Pferd, das ein Häuptling der Cree für die Hand der Tochter eines anderen Häuptlings gab. Ein eifersüchtiger Sioux-Häuptling tötete das junge Paar. Seitdem zog das weiße Pferd über die Ebene. Nach seinem Tod spukte es dort als Geist weiter.
- Im frühen 19. Jahrhundert gingen auf der Farm von John Bell und seiner Familie vier Jahre lang zwei Geister um: ein knurrender Hund und ein sonderbarer Vogel, der größer als ein Truthahn war.

Das weiße Pferd

In Südafrika erzählt man sich vom Geist eines Engländers, der auf einem weißen Pferd umherspukt. Im späten 18. Jahrhundert war ein Mann in den Busch geritten und hatte sieben Elefanten geschossen. Später kam das Pferd allein zurück. Es starb bei Sonnenuntergang. Der Mann wurde nie mehr gefunden.

Foto-Spuk

Es scheint, dass Haustiere auf Fotos erscheinen können, auch wenn sie schon lange tot sind. Lady Hehir, eine Adlige aus Irland, besaß zwei Hunde: einen irischen Schäferhund mit Namen Tara und einen Cairn-Terrier, den sie Kathal nannte. Die Hunde waren gute Freunde, bis die kleine Kathal im Jahre 1927 starb. Sechs Wochen später fotografierte ein Freund Lady Hehir neben ihrem Hund Tara stehend. Als das Bild entwickelt war, konnte man darauf auch die kleine Kathal sehen.

Ausgestorbene Tiere

Jeder weiß, dass die Dinosaurier und die Dronte-Vögel ausgestorben sind. Wusstest du aber auch, dass seit dem 17. Jahrhundert mindestens 300 weitere Tierarten ausgerottet wurden? Viele andere Tiere sind so selten geworden, dass sie ebenfalls aussterben werden – daran können wir nichts mehr ändern. Manche Arten, vor allem kleine Lebewesen wie Insekten und Schwämme, sterben aus, noch ehe wir sie entdeckt und erforscht haben.

Dronte
Die schwerfälligen und flugunfähigen Dronte-Vögel lebten früher auf den Inseln Mauritius und Reunion im Indischen Ozean. Weil sie für Jäger eine leichte Beute waren, wurden sie im 18. Jahrhundert ausgerottet.

Dinosaurier

Vor etwa 200 Millionen Jahren tauchten die Dinosaurier auf der Erde auf. 140 Millionen Jahre lang lebten sie, dann starben sie plötzlich aus. Viele Wissenschaftler meinen, dass ein riesiger Meteorit ins Meer stürzte. Dadurch veränderte sich das Klima auf der Erde so stark, dass die Dinosaurier nicht überleben konnten.

Ausgestorbene Tiere

Ausgestorben bedeutet, dass das letzte lebende Tier einer Art gestorben ist oder getötet wurde. Damit ist die Art für immer von der Erde verschwunden. Das Artensterben nimmt immer mehr zu. Heute verschwindet vermutlich jeden Tag eine weitere Tierart. Viele andere Arten sind bedroht, wenn wir unseren Umgang mit den Tieren, ihren Lebensräumen und dem Planeten, auf dem wir mit ihnen zusammen leben, nicht ändern. Dies sind einige der ausgestorbenen Tierarten:

- Dronte 1770
- Bali-Tiger 1937
- Wandertaube 1914
- Texanischer Rotwolf 1970
- Huia 1907
- Kamtschatka-Bär 1920
- Schwarzwolf (Florida) 1917
- Kapverdischer Riesenskink 1940
- Arizona-Jaguar 1905
- Mauritius- oder Rundinsel-Boa 1980
- Mexikanischer Silbergrisly 1967
- Tasmanischer Wolf 1933
- Leopardenfrosch um 1930
- Orestra (Titicacasee) um 1950

Huia

Die Huia-Vögel lebten in den Wäldern der nördlichen Insel Neuseelands. Die Menschen jagten sie und zerstörten ihren Lebensraum im Wald. Um 1907 wurde der letzte Huia vernichtet.

Durch versteinerte Fundstücke wissen wir vom Leben der Dinosaurier und anderer ausgestorbener Tierarten.

Mexikanischer Silbergrisly

Dieser Bär, der auch „der Silbergraue" genannt wurde, ist durch die Jagd ausgerottet worden. Um 1960 lebten noch 30 Tiere auf der Welt. Auch diese wurden von Ranchbesitzern getötet. 1967 wurde der letzte lebende Silbergrisly der Welt abgeschossen.

Titicaca-Orestra

Der Orestra war ein einzigartiger Fisch, der nur im Titicacasee zu finden war. Er brauchte das flache Wasser als Lebensraum, so schwamm er nie in die einmündenden Flüsse. 1937 wurden Forellen im See ausgesetzt. Die Forellen fraßen die Brut vieler anderer Fische im See, darunter auch die des Orestra. Um 1950 waren alle Orestras vernichtet.

Wandertaube

Früher waren Wandertauben in Baumwipfeln des östlichen Nordamerika zu Hause. Damals zählten sie zu den häufig vorkommenden Vogelarten: Von zehn Vögeln in Nordamerika waren vier Wandertauben. Zwischen 1860 und 1900 wurden sie von den Menschen gejagt und alle getötet. Nur eine Taube überlebte. Die Wandertaube Martha verbrachte die letzten 14 Jahre ihres Lebens im Zoo von Cincinnati, USA. Dort starb sie im Jahre 1914.

Schwarzwolf

In den Sümpfen und Wäldern, Bergen und Hügeln von Florida bis Georgia, von Alabama bis Tennessee lebten einmal viele Schwarzwölfe. Im 19. Jahrhundert besiedelten die Menschen ihre Reviere. Sie fällten Bäume, bauten Häuser, bestellten das Land und jagten das Wild. Zahlreiche Schwarzwölfe verhungerten. Die wenigen überlebenden wurden erschossen oder in Fallen gefangen. 1917 war der Schwarzwolf ausgerottet.

Bedrohte Tierarten

Eine Tierart gilt dann als bedroht, wenn nur noch so wenige Tiere auf der Erde leben, dass ihre Nachkommen nicht ausreichen, um die Art zu erhalten. Tierarten können auf unterschiedliche Weise in Gefahr geraten. Manche werden von den Menschen getötet. Andere sterben, weil ihre Lebensräume zerstört werden oder weil sie keine Nahrung mehr finden. Heute sind 1.096 Tierarten vom Aussterben bedroht, davon sind 169 stark gefährdet.

Gorillas

Gorillas werden gejagt, weil verschiedene ihrer Körperteile zu Medikamenten verarbeitet oder als Souvenir an Touristen verkauft werden. Junge Gorillas werden manchmal an Zoos verkauft. Oft werden auch die Wälder, in denen sie leben, abgeholzt, um das Holz oder das Land zu gewinnen.

Bären

Bären sind durch den Menschen gefährdet. Sie werden gefangen und in viel zu kleine Käfige gesperrt. Die Chinesen verwenden ihre Galle als Medizin. Noch heute werden Tanzbären gehalten. Auch Bärenkämpfe gelten in manchen Ländern als Attraktion.

Seekuh

Die sanften, großäugigen Seekühe leben in den flachen Küstengewässern, wo auch die Menschen jagen und ihren Hobbys nachgehen. Viele der Tiere sind durch Menschen ums Leben gekommen. Seekühe halten ihre Jungen in den Vorderflossen. Vermutlich sind sie die „Meerjungfrauen“, von denen die Märchen und Legenden erzählen.

Naturschutz

Naturschutz ist eine Möglichkeit, unseren Planeten und das Leben auf ihm vor Zerstörung zu schützen. Bestimmte Gebiete werden geschützt, sodass hier die Pflanzen und Tiere ungestört leben und sich entwickeln können. Nur ein kleiner Teil der Erde ist auf diese Weise geschützt. Auch Vereinbarungen zwischen den Regierungen können helfen, die Natur zu schützen, z.B. das CITES-Abkommen, das den Handel mit bedrohten Tierarten kontrolliert.

Naturparks

Naturparks sind Naturschutzgebiete, wo wild lebende Tiere nicht gejagt werden dürfen. Hier können sie ungestört leben und sich vermehren. Der erste Naturpark war der Yellowstone Nationalpark in den USA.

Schwarzes Nashorn

Das afrikanische schwarze Nashorn wird hauptsächlich wegen seines Horns gejagt. Das Horn wird zu Pulver zerrieben und als Medizin verwendet. Man schnitzt daraus auch Griffe für Dolche. Der Handel mit dem Horn ist seit über 20 Jahren verboten, dennoch wird er weiterhin illegal betrieben. Seit 1970 hat sich die Zahl der Nashörner um 95% verringert.

Zoos

Zoos sind Plätze, in denen Wildtiere in Gefangenschaft gehalten werden. Oft sind es Arten, von denen nur noch wenige Tiere übrig sind, sodass sie sich in Sicherheit fortplanzen können. Einige Zoos führen Fortbildungsprogramme durch, in denen der Artenschutz unterrichtet wird.

So kannst du helfen:

Es gibt viel, das man tun kann, um das Leben der bedrohten Tierarten zu schützen und sie so vielleicht vor dem Aussterben zu bewahren. Du kannst:

1) Einer Natur- oder Umweltschutzorganisation beitreten.
2) Keine Dinge kaufen, für die z.B. Tierfelle, Elfenbein oder Schildkrötenpanzer verarbeitet wurden.
3) Keine Produkte kaufen, die mit Hilfe von Tierversuchen entwickelt wurden.
4) Darauf achten, was du isst.
5) Dich einer Bürgerinitiative zur Einrichtung eines Naturschutzgebietes in deiner Umgebung anschließen.
6) Recyclingpapier kaufen und Papier sparen, damit weniger Bäume abgeholzt werden müssen.
7) Ein kleines Naturreservat in eurem Garten oder in einer Ecke des Schulhofes anlegen.
8) Keine Tiere als Haustiere kaufen, die in der freien Natur gefangen wurden, z.B. Papageien.
9) So viel wie möglich über die Gefährdungen der Natur lernen und über neue Wege nachdenken, wie man sie vermeiden könnte.

Glossar

AAS Die Körper toter Tiere, Kadaver.

AASFRESSER Ein Lebewesen, das sich von toten Tieren ernährt. Auch Tiere, die Abfall fressen, werden als Aasfresser bezeichnet.

ABERGLAUBE Unsinnige oder unvernünftige Vermutungen und Erklärungen über Dinge, die uns unverständlich sind.

ÄGYPTEN, ALTES Die Zeit zwischen 3100 v. Chr. und 30 v. Chr., während derer Ägypten von den Pharaonen regiert wurde.

AMNESIE Verlust des Gedächtnisses oder der Erinnerung an eine bestimmt Zeit.

AMPHIBIEN Kaltblütige Wirbeltiere, die im Wasser und an Land leben können. Alle Amphibien legen Eier. Zur Fortpflanzung müssen sie ins Wasser gehen. Frösche und Kröten gehören zu den Amphibien.

ANPASSUNGSFÄHIG Ein Lebewesen, das seine Bedürfnisse und Gewohnheiten schnell verändern kann, wenn sich sein Lebensraum verändert.

ANTARKTIS Der Kontinent um den Südpol und die Meere, die ihn umgeben. Hier steigt die Temperatur niemals über den Gefrierpunkt.

ANTENNEN Bewegliche Fühler, die meist paarweise am Kopf von Insekten, Schalentieren und einigen anderen Lebewesen zu finden sind. Die Antennen reagieren meist auf Berührung oder Geschmack.

ART Eine Gruppe von Tieren, die die gleichen Merkmale haben. Die Angehörigen einer Art können sich miteinander paaren.

AUSBRÜTEN Vögel halten ihre Eier warm, bis die Jungen darin so weit herangewachsen sind, dass sie ausschlüpfen können.

AUSSTERBEN Wenn das letzte Exemplar einer Tierart stirbt, ist die Tierart ausgestorben.

BAKTERIEN Eine große Gruppe winziger Lebewesen, von denen viele Krankheiten verursachen.

BEDROHT Wenn man von bedrohten Tierarten spricht, meint man solche, die durch Jagd oder Veränderung ihres Lebensraumes durch den Menschen vom Aussterben bedroht sind.

BESTÄUBEN Den Pollen (Blütenstaub) einer Pflanze auf den Stempel transportieren, sodass die Pflanze Samen bilden und sich vermehren kann.

BEVÖLKERUNG Eine aus einzelnen Lebewesen bestehende Gruppe, die ein bestimmtes Gebiet bewohnt.

BIENENSTOCK Die natürliche oder von Menschen gebaute Behausung eines Bienenvolkes.

CHRISTLICH Alle Lehren und Gedanken, die sich auf Jesus Christus beziehen oder von ihm und seinen Nachfolgern verbreitet wurden.

DAUMEN Wenn der Daumen den Fingern gegenüber liegt, sodass sich Daumen- und Fingerspitzen berühren können, ist es eine große Hilfe beim Greifen und Festhalten.

DUFTMARKE Geruchskennzeichen, die Tiere hinterlassen, z.B. um ein Revier abzustecken.

ECHOLOT Ein Hilfsmittel, um die Position eines Objektes zu bestimmen. Schallwellen werden ausgesandt, die von dem

Objekt wieder abprallen. Aus der Zeit, die der Schall für den Weg benötigt, lässt sich die Entfernung des Objektes errechnen.

EINZELGÄNGER Lebewesen, die nicht in Gruppen oder Herden leben, sondern allein.

EMBLEM Ein Zeichen oder ein bildliches Symbol, z.B. ein Wappen.

EVOLUTION Die langsame Veränderung von bestimmten Merkmalen bei Tieren, Pflanzen oder Menschen über viele Generationen hinweg.

FACETTENAUGE Die Augen vieler Insekten und mancher Krustentiere bestehen aus vielen einzelnen, lichtempfindlichen Zellen.

FORTPFLANZEN Junge bekommen (und damit die Art erhalten).

FOSSIL Ein Rest einer Pflanze oder eines Tieres, das in vergangener Zeit gelebt hat. z.B. versteinerte Knochen, Schalen usw.

GATTER Ein eingezäunter Platz, um Rinder oder Pferde einzusperren.

GEDEIHEN Etwas gedeiht, wenn es sich gut entwickelt.

GEMEINSCHAFT Eine Gruppe von Tieren oder Pflanzen, die gemeinsam an einem Ort leben und gegenseitig voneinander abhängig sind.

GENETIK Die Lehre von der Vererbung bestimmter Merkmale von Tieren oder Pflanzen über Generationen.

GESICHTSFELD Der Bereich, den die Augen eines Tieres oder Menschen sehen können, ohne dass der Kopf bewegt werden muss.

GIFT Flüssigkeiten, die von Schlangen und anderen Tieren abgesondert werden. Manche Gifte sind tödlich, andere verursachen nur Hautausschläge.

GLOBALE ERWÄRMUNG Die Durchschnittstemperatur auf der Erde steigt von Jahr zu Jahr langsam an. Man vermutet, dass dies eine Folge des Treibhauseffekts ist.

GREIF Geflügeltes Fabeltier, das auf einem Löwenkörper einen Adlerkopf bzw. Adleroberkörper trägt; Sinnbild der Macht; [auch (biolog.) Kurzform für Greifvogel].

GRIECHENLAND, ANTIKES Die Zeit, in der die Griechen das bedeutendste und einflussreichste Volk der Erde waren, etwa 1500 v. Chr. bis 323 v. Chr.

HEIDNISCH Ohne Religion.

HERDE Eine große Gruppe von Tieren, z.B. Büffel, Schafe.

HINDUISMUS Die wichtigste Religion Indiens. Die Hindus verehren mehrere Götter.

IMMUN Gegen Krankheiten oder Gefahren geschützt.

INDIANER Die Menschen, die ursprünglich in Amerika lebten. Erst im späten Mittelalter zogen europäische Siedler nach Amerika. Sie verdrängten die Indianer langsam aus ihren angestammten Gebieten.

INSTINKT Reaktionen und Verhaltensweisen, die einem Lebewesen angeboren sind. Diese Verhaltensweisen muss es also nicht lernen.

ISLAM Die Religion, denen die meisten Bewohner arabischer Länder angehören.

JÜDISCH Die Religion der Juden, die an das Alte Testament anknüpft. Die Juden glauben an einen einzigen Gott.

JÜNGER Jemand, der einem Lehrer oder einer bestimmten Denkweise folgt.

KADAVER Toter (in Verwesung übergehender) Tierkörper, Aas.

KALTBLÜTER Tiere, die ihre Körpertemperatur nicht selbst regeln, sind kaltblütig. Sie müssen in der Sonne oder auf warmer Erde liegen, um sich aufzuwärmen und so ihre Körperfunktionen anzuregen.

KLASSISCH Verbunden mit oder typisch für die Zivilisation der alten Römer oder Griechen.

KLAUE Eine große, starke gekrümmte Kralle.

KLIMA Die allgemeinen Wetterverhältnisse einer bestimmten Gegend.

KOKON Eine Schutzhülle, die von Schmetterlingen und Faltern gesponnen wird. Im Inneren des Kokons kann sich die Puppe zum Schmetterling entwickeln.

KOLONIE Eine Gruppe von gleichen Tieren oder Pflanzen die zusammen an einem Ort leben.

KONSERVIEREN Haltbar machen.

KULTIVIEREN Pflanzen, pflegen, ernten oder verbessern.

KULTUR Das gesamte überlieferte Gedankengut, Glauben, Werte und Wissen einer Gemeinschaft oder einer Zivilisation in einer bestimmten Zeit.

LARVEN Die Jungen vieler Tierarten. Larven machen oft eine große Veränderung durch (die Metamorphose), bis aus ihnen erwachsene Tiere werden.

LASTTIER Ein Tier, das benutzt wird, um schwere Lasten zu tragen, z.B. Esel, Elefanten oder Ochsen.

LEBENSRAUM Raum, Umkreis, in dem sich jemand oder eine Gemeinschaft bewegen und entfalten kann; biolog.: Biotop.

LEBENSZYKLUS Alle Veränderungen, die bei einer Art von einem bestimmten Entwicklungsstadium bis zum gleichen Entwicklungsstadium der nächsten Generation zu beobachten sind.

LEGENDE Eine alte Volksgeschichte, die über viele Generationen mündlich weitererzählt wurde. Niemand weiß, ob solche Legenden Wahrheit enthalten oder nicht.

LOTUS Eine Wasserpflanze mit großen, schwimmenden Blättern und duftenden rosa Blüten. Im Alten Ägypten galt sie als heilige Pflanze.

MEMBRAN Eine dünne Gewebsschicht, die im Inneren eines Körpers Teile umschließt oder verbindet.

MITTELALTER Die Zeit von etwa 1000 n. Chr. bis zum 15. Jahrhundert.

MYTHOS Eine Geschichte aus alter Zeit über Wesen mit übermenschlichen Kräften.

MYXOMATOSE Eine sehr ansteckende Krankheit, die für Kaninchen tödlich ist. In Australien verbreitete man die Krankheit künstlich, um die Kaninchenplage einzudämmen.

NACHTAKTIV Tiere, die am Tag schlafen und in der Nacht auf Nahrungssuche gehen, nennt man nachtaktiv.

NAHRUNGSKETTE Mehrere Lebewesen, die in einer Gemeinschaft leben. Dabei ist jedes einzelne Mitglied der Kette Nahrung für ein anderes.

NATURSCHUTZGEBIET Ein bestimmtes Gebiet (Land oder Wasser), in dem die Tiere und Pflanzen so wenig wie möglich durch den Menschen gestört werden dürfen.

NAVIGIEREN Sich achtsam und sorgfältig im Wasser oder in der Luft bewegen.

PARADOX Ein Verhalten oder Merkmal, das im Widerspruch zu dem Ziel oder zu anderen Merkmalen steht.

PARASIT Ein Lebewesen, das von anderen lebt. Ein Floh ist ein Parasit, weil er sich vom Blut anderer Tiere ernährt.

PRÄHISTORISCH Ereignisse, die zu einer Zeit stattfanden, als es noch keine Schrift gab, mit deren Hilfe die Menschen über diese Ereignisse berichten konnten.

PRIMAT Ein Säugetier mit beweglichen Händen, guten Augen und einem hoch entwickelten Gehirn. Menschenaffen und Menschen gehören zu den Primaten.

PROVOZIEREN Ärgern, reizen, herausfordern.

PTEROSAURUS Ein ausgestorbenes, fliegendes Reptil.

PUPPE Ein Entwicklungsstadium von Schmetterlingen und Faltern zwischen dem Larvenstadium und dem erwachsenen Tier. Puppen fressen nicht, können sich nicht bewegen und befinden sich in einer Kokon genannten Hülle.

QUÄLEN Lebewesen Schmerzen zufügen oder sie auf andere Weise schlecht behandeln.

RASSE Eine Gruppe von Lebewesen mit gleichen oder ähnlichen Merkmalen.

RAUBTIER Ein Tier, das sich vom Fleisch anderer Lebewesen ernährt.

REPTILIEN Kaltblütige Wirbeltiere, die durch Lungen atmen. Viele haben eine äußere Hülle aus Hornplatten oder Schuppen, alle legen Eier. Schildkröten, Schlangen, Eidechsen und Krokodile gehören zu den Reptilien.

REVIER Das Gebiet, das von einem Tier oder einem Paar bewohnt und verteidigt wird.

ROM, ANTIKES Die Zeit, als sich das römische Weltreich von Westeuropa über den Nahen Osten bis nach Afrika erstreckte, etwa 753 v. Chr. bis 476 n. Chr.

RUDEL Gruppe wild lebender Säugetiere der gleichen Art.

RUDER Der Teil eines Schiffes, der zum Steuern benutzt wird. Krokodile, Biber und andere Tiere benutzen ihren Schwanz als Ruder.

RUMPF Der Hauptteil des Körpers, an dem Arme, Beine und Kopf ansetzen.

SÄUGETIERE Alle warmblütigen Wirbeltiere, die ihre Jungen mit Muttermilch ernähren.

SCHALENTIERE Alle wirbellosen Tiere, die einen mehrteiligen Körper und mehrgliedrige Gliedmaßen haben. Sie tragen ein äußeres Skelett aus Chitin und leben im Wasser, z.B. Krabben und Hummer.

SCHNABEL Die spitz geformten, vorstehenden Kieferknochen eines Vogels, die mit einer Hornschicht überzogen sind.

SCHNAUZE Der länglich vorgezogene Teil des Schädels, der von Kieferknochen und Nase gebildet wird, z.B. bei Hunden und Pferden.

SCHWARM Größere Anzahl sich ungeordnet zusammen fortbewegender, gleichartiger Tiere.

SEKRET Eine Flüssigkeit, die vom Körper abgesondert wird. Sekrete werden in speziellen Drüsen gebildet.

SELTEN Nicht weit verbreitet.

SICH BEHAUPTEN Sich als stärker, geschickter oder auf andere Art überlegen erweisen.

SINNE Die Fähigkeit, Informationen aus der Umwelt aufzunehmen und an das Gehirn weiterzugeben: Sehen, Hören, Riechen, Schmecken und Fühlen.

STABILISATOR Ein Gegenstand, der den Zweck hat, etwas fester oder stabiler zu machen.

STERNBILD Eine Gruppe von Sternen, die ihre Lage zueinander nicht verändern. Diese alten Griechen gaben vielen dieser Gruppen Namen, die von Gestalten ihrer Sagen abgeleitet waren.

SÜSSWASSER Das Wasser in Flüssen und Seen.

SYMBOL Etwas, das als Zeichen oder Sinnbild für etwas anderes verwendet wird.

TARNUNG Ein Fell oder Gefieder, das Tieren hilft, sich vor Feinden zu verstecken.

TECHNOLOGIE Die praktische Anwendung von Wissenschaft und Technik.

TERRITORIUM Das Gebiet, das von einem Tier oder einem Paar bewohnt und verteidigt wird (Revier).

TREIBHAUSEFFEKT Die Menschen produzieren sehr viel Kohlendioxid, das sich in der Erdatmosphäre sammelt. Dadurch kann die Infrarotstrahlung, die von der Erdoberfläche abgegeben wird, nicht entweichen. So erwärmt sich die Erde langsam.

ÜBERFLUSS Die Menge (z.B. Nahrung), die über das hinausgeht, was zum Leben nötig ist.

UMGEBUNG Die Umgebung, in der ein Tier normalerweise zu Hause ist, wirkt sich auf seine Entwicklung und sein Verhalten aus.

UNREIF Noch nicht vollständig ausgewachsen oder entwickelt.

UNSTERBLICH Ein Wesen, das niemals stirbt. Solche Wesen kommen nur in Märchen und Legenden vor.

UNTERBEWUSSTSEIN Der Teil unseres Denkens und Fühlens, den wir nicht mit unserem Willen steuern können.

UNTERKÜHLUNG Eine unnatürlich niedrige Körpertemperatur, die dadurch entsteht, dass ein Körper zu lange großer Kälte ausgesetzt war. Für einen Menschen kann Unterkühlung (z.B. durch Einbrechen ins Eis) lebensgefährlich sein.

VEGETATION Die Pflanzenwelt.

VERPUPPEN Sich in eine Puppe verwandeln, in einen Kokon einspinnen.

VOGEL Ein warmblütiges Wirbeltier, das Eier legt. Der Körper eines Vogels ist mit Federn bedeckt. Alle Vögel haben Flügel, aber nicht alle können fliegen.

VORAUSSAGEN Aussagen machen über etwas, das in der Zukunft geschehen wird.

WAISE Ein Tier oder Mensch, dessen Eltern gestorben sind.

WARMBLÜTER Lebewesen mit einer gleichmäßigen Körpertemperatur, die normalerweise höher ist als die Temperatur ihrer Umgebung.

WASSERVÖGEL Alle Vögel, die im und am Wasser leben.

WELPEN Jungtiere von Hunden, Wölfen oder Füchsen.

WIEDERKÄUEN Rinder, Schafe und andere Tiere sind Wiederkäuer. Sie haben mehrere Mägen. Wenn sie fressen, gelangt die Nahrung zuerst in den ersten Magen. Später legen die Tiere sich hin, würgen die Nahrung hoch, kauen sie noch einmal und schlucken sie wieder herunter.

WILD Nicht gezähmt.

WINTERSCHLAF Manche Tiere fallen während des Winters in einen tiefen Schlaf. Ihr Herzschlag und ihre Atmung verlangsamen sich in dieser Zeit sehr stark, sodass sie fast keine Energie verbrauchen. So kommen sie ohne Nahrung aus. Manche Tiere fressen sich auch vor dem Winter eine dicke Speckschicht an, die während des Winterschlafs verbraucht wird.

WIRBELLOSE Alle Tiere, die keine Wirbelsäule besitzen.

WIRBELTIERE Alle Tiere, die im Inneren ihres Körpers ein Skelett mit einer Wirbelsäule haben. Dazu gehören Fische, Amphibien, Reptilien, Vögel und Säugetiere.

ZAHM Wilde Tiere, die von Menschen zu Haustieren gemacht wurden, sind zahm.

ZECKE Ein Blut saugendes Spinnentier, das auch Krankheiten übertragen kann. Die Zecke ist ein Parasit.

ZEICHENSPRACHE Eine Art, sich ohne Worte mit Hilfe der Hände zu verständigen. Manche Affen haben gelernt, sich durch Zeichensprache mit ihren Pflegern zu verständigen.

ZOO Ein Park, in dem Tiere aus aller Welt in Käfigen und Freigehegen gehalten werden, damit die Menschen sie ansehen können. In manchen Zoos werden auch seltene Tierarten gezüchtet.

ZÜCHTEN Menschen halten manchmal Tiere nur, damit sie sich fortpflanzen. Dies nennt man Zucht.

ZUGVÖGEL Vögel, die nur im Sommer bei uns leben. Im Winter finden sie hier keine Nahrung, darum fliegen sie in südliche Länder. Im nächsten Frühling kehren sie zurück.

Register

A

B

C

D

E

F

G

H

M

N

O

P

Q

U

V

W

Z

Adressen

Wenn du selbst aktiv etwas für den Natur- und Tierschutz tun möchtest, frag z.B. in einer Zoohandlung nach. Auch Volkshochschulen bieten spezielle Umweltprojekte an. Im Telefonbuch findest du die Adressen oder Telefonnummern von den Ortsgruppen der großen Naturschutz-Organisationen wie z.B. BUND Naturschutz, Greenpeace und Tierschutzverein. Viele davon haben auch extra Jugendorganisationen.
Unter den folgenden Adressen kannst du weitere Informationen anfordern:

Aktion Wanderfalken- und Uhuschutz
Rosbacher Weg 8
61206 Wöllstadt
0 60 34 / 26 95

Artenschutzstation Rhön
36419 Geisa
03 69 67 / 65 97

BUND Jugend Bayern
Krettmayrstraße 32
80335 München

Deutscher Alpenverein
Jugendreferat
Postfach 500220
80972 München
0 89 / 1 40 03-0

Deutscher Tierschutzbund e.V.
Baumschulallee 15
53115 Bonn
02 28 / 6 04 96-0

Earthwatch Deutschland
Rissener Landstr. 193
22559 Hamburg
0 40 / 81 02 35

Emil Grünbär Klub
A.U.G.E. e.V.
Osterstraße 58
20259 Hamburg

Föderation der Natur- und Nationalparke Europas
Sektion Deutschland
Postfach 1153
94475 Grafenau
0 85 52 / 28 39

GREENPEACE E.V.
(z.B. Greenteam)
22745 Hamburg
Infotelefon
0 40 / 3 06 18 -2 91
-2 71
Gruppen und Büros gibt es bundesweit in fast allen größeren Städten.

IGEL – SCHUTZ-INITIATIVE E.V.
Friedrich-Ebert-Str. 2
30459 Hannover
05 11 / 23 31 61

JUGEND-UMWELT-INFOSTELLE
Postfach 1818
36228 Bad Hersfeld
0 66 21 / 4 15 81

NATURSCHUTZ-ZENTRUM HESSEN
Friedenstr. 38
35578 Wetzlar

NIEDERSÄCHSISCHES LANDESAMT FÜR ÖKOLOGIE
An der Scharlake 39
31135 Hildesheim
0 51 21 / 50 9-0

SEEHUNDAUFZUCHT- U. FORSCHUNGSSTATION
Dörper Weg 22
26506 Norden
0 49 31 / 89 19

VEREIN JORDSAND ZUM SCHUTZE DER SEEVÖGEL UND DER NATUR E.V.
Haus der Natur
22926 Ahrensburg
0 41 02 / 3 26 56

Internet-Seiten

BUND für Naturschutz
http://www.bund.net

Bundesumweltministerium
http://www.bmu.de

Emil Grünbär Klub
http://www.emil-gruenbaer.de

Greenpeace
http://www.greenpeace.de
http://www.greenpeace.de/kids/

Jugendorganisation Bund Naturschutz
http://www.jbn.de/

World Wildlife Fund for Nature
http://www.wwf.de
http://www.wwf.de/c_youngpanda/c_youngp_index.html
(YoungPanda ist die Jugendorganisation des WWF)

Danksagung

Der Herausgeber dankt allen, die beim Entstehen dieses Buches mitgeholfen haben. Besonderer Dank geht an Janine Amos für die Unterstützung bei der Herstellung, Marie-Clare Carver, Illustration; Mike Croll von Wildlife Art, Virgil Pomfret Agency sowie Bernard Thornton Artists für die Unterstützung bei den Illustrationen. Dank auch an Elaine Ackerley von der Natural Historic Photographic Agency, Vicki Skeet vom Natural History Museum, Clive Smith von der Telegraph Colour Library und Charlotte Lorimer von der Bridgeman Art Library für die Beschaffung der Fotos.

Abkürzungen: o = oben, M = Mitte, l = links, r = rechts, VE = vorderer Einband, HE = hinterer Einband, VIT = vorderer Innentitel, HIT = hinterer Innentitel

Bildnachweis:
B. & C. Alexander / NHPA 54or
A. N. T. / NHPA 102ol
Antony Bannister / NHPA 54lM, 71or, 115ol
Henry Ausloos / NHPA 142ul, 143M
G. I. Bernard / NHPA 54ur, 64ul, 141or
Joe Blossom / NHPA 74u
Ian Branshaw / Telegraph Colour Library 40–41M
Laurie Campbell / NHPA 55ol, 83ul, 116or
Stephen Dalton / NHPA VEMr, Veol, VEM, HTMl, 51or, 58ul, 60ul, 70–71M
Susanne Danegger / NHPA 37ol
Nigel J. Dennis / NHPA 107M
European Space Agency / Science Photo Library 8#ol
E. Hanumantha Rao / NHPA 17o
Martin Harvey / NHPA 115ur, 142u
Daniel Heuclin / NHPA 52ul, 89oM, 114or
E. A. Janes / NHPA 77o
B. Jones und M. Shimlock / NHPA 55ul, 84M, 93ur
Rich Kirchner / NHPA 14u, 69ul
Stephan Krafemann / NHPA 12M
Gerard Lacz / NHPA 22–23, 115or
Jay Pack Picture Library / Telegraph Colour Library 129or
Haroldo Palo Jr / NHPA 8u, 8or
Louvre, Paris / The Bridgeman Art Library 52or
NASA 41or
Eero Murtomaki / NHPA 56M
David E. Myers / NHPA 71M
National Gallery, London / Brodgeman Art Library 124ol
Pinacoteca Capitolina, Palazzo Conservatori, Rom / The Bridgeman Art Library 29or
Haroldo Palo Jr / NHPA 73M
Peter Pickford VEor, HEur
Rod Planck / NHPA 44l
Christophe Ratier / NHPA 139r
Andy Rouse / NHPA 24–25o
John Sanford und David Parket / Science Photo Library 118or
Jany Sauvanet / NHPA 70ul, 114Ml
Kevin Schaefer / NHPA 49ol, 50ul, 106u
John Shaw / NHPA VEM, 19, 54ul, 55or, 120M
Schience Photo Library VEM
Stephen Simpson / Telegraph Colour Library 35oM
Eric Soder / NHPA 55or, 113or
H. Sykes / Telegraph Colour Library 125u
The National History Museum, London VEMl
Michael Tweedie / NHPA 63ur
Hellio & Van Ingen / NHPA 91o
Martin Wendler / NHPA 90–91u
Peter Willi / Bridgeman Art Library 34ul
Bill Wood / NHPA 98ol
David Woodfall / NHPA 55Mr, 68ul
Norbert Wu / NHPA 88ol, 114ul

Illustrationen:
Adam Abel 62–63M, 91ur, 92–93ul, 125Mr, 148ol
Craig Austin 48–49ul-M, 86–87u, 88–89M
Alan Baker 47or, 124–125M, 130–131M
John Barber 66–67M, 108M
Andy Beckett 17u, 36ul, 154ol
Lesley Betts 18o, 45or
Lucy Bristow 80–81M
Wayne Ford 3M, 30u, 38u, 44–45M
Lena Fricher 34–35M
Roger Gorringe 58–59M, 100–101M
Darren Harvey 98–99M
Tim Hayward 50M, 142ur
Martin Knowlden HITu, 46ul, 127or, 132u, 134–135M, 145or, 159M
Josephine Martin 75or, 104–105M
Danuta Mayer VITu, 32ul, 74ol, 135or
Steve Noon 1M, 15u, 20–21M, 28–29M, 32–33M 78l, 92–93M
Richard Orr 9, 10–11
Steve Roberts 51ur, 54–55M, 94–95M, 102–103M, 140–141M, 147ul, 155or
Andrew Robinson 4u, 64–65M, 151ur
Judy Stephens 40ul, 96ol, 98Ml
Mark Stewart 76M, 152ul
Simon Turvey 6o, 112u, 114–115M
Unterliden Museum, Colmar, Frankreich 126u
Garry Walton VeoM, HeoM, VIToM, 1o, 3o, 122–123M, 123or, 127Mr, 128–129M, 136ul, 138–139M
Andrew Wheatcroft 42–43M, 116ul, 136–137M
Nadine Wickenden: Bordüren im ganzen Buch
Sarah Young 4o, 21or, 64ol, 109or, 118M, 119M, 130ol, 134ol, 136ol

Dover Books: alle schwarzweißen Illustrationen,
Panda-Zeichen © 1986 WWF – World Wide Fund for Nature (früher World Wildlife Fund) 22o

Wir weisen darauf hin, dass wir uns bemüht haben, alle Copyright-Inhaber ausfindig zu machen. Sollten wir dennoch jemanden nicht berücksichtigt haben, sind wir selbstverständlich bereit, diesen in die Danksagung der weiteren Ausgaben dieses Buches aufzunehmen.